U0957498

安全评价实用技术丛书

化工企业安全评价技术

主　编　赵一姝　范小花

中国劳动社会保障出版社

图书在版编目(CIP)数据

化工企业安全评价技术/赵一姝，范小花主编. —北京：中国劳动社会保障出版社，2011
安全评价实用技术丛书
ISBN 978-7-5045-9359-7

Ⅰ.①化… Ⅱ.①赵… ②范… Ⅲ.①化工企业-安全评价 Ⅳ.①TQ086

中国版本图书馆 CIP 数据核字(2011)第 222712 号

中国劳动社会保障出版社出版发行
(北京市惠新东街 1 号 邮政编码：100029)
出 版 人 ：张梦欣

*

北京市艺辉印刷有限公司印刷装订 新华书店经销
787 毫米×1092 毫米 16 开本 8.75 印张 196 千字
2011 年 11 月第 1 版 2011 年 11 月第 1 次印刷

定价：22.00 元

读者服务部电话：010-64929211/64921644/84643933
发行部电话：010-64961894
出版社网址：http://www.class.com.cn

版权专有 侵权必究
举报电话：010-64954652
如有印装差错，请与本社联系调换：010-80497374

内 容 提 要

本书根据现代化工企业生产的特点，利用安全评价的原理和方法，系统而又简明地分析了化工企业生产过程中风险评价的方法和过程。全书共分8章，主要包括概述，化工企业安全评价的前期准备，化工企业危险、有害辨识及评价单元划分，化工企业危险、有害因素定性、定量评价，化工企业安全对策措施，化工企业安全评价结论，化工企业安全评价报告编制，化工企业安全评价实例。

本书既具有科学性、知识性，又具有实用性与知识普及性，可供化工企业从业人员学习、了解安全评价相关知识使用，也可作为安全生产及其相关专业日常安全培训教育用书，还可作为从事安全评价工作的从业人员的日常学习手册。

前　言

安全评价技术是安全系统工程的重要组成部分。自20世纪60年代初起源于美国之后，经过多年的实践与发展，安全评价已经成为现代企业风险管理的一项重要内容。所谓安全评价技术是指利用安全系统工程原理和方法来识别、评价系统工程存在风险的过程。这一过程包括危险、有害因素识别及危险和危害程度评价两部分。20世纪80年代，安全评价作为先进的安全管理理念从国外引入我国，经历了技术探索、试运用和逐步规范发展三个阶段，现已成为安全生产许可工作中重要的一个环节。我国《安全生产法》《危险化学品安全管理条例》《安全生产许可证条例》等法律法规明确了安全评价对事故预防的作用，确定了安全评价工作的法律地位，使安全评价成为企业一项法定的工作。

伴随着安全评价技术的发展，安全评价机构蓬勃兴起，从业队伍逐步成长壮大起来，安全评价技术人员成为安全生产工作中的一支重要技术力量，吸引了越来越多的科技学者、专业技术人员投身于安全评价工作中来，成为推动安全生产工作健康发展的一支不可或缺的力量。2007年11月22日，安全评价师被正式批准为我国新的社会职业。2008年2月29日，国家劳动和社会保障部正式颁布了《国家职业标准·安全评价师》(试行)，标志着安全评价师国家职业资格制度开始实施，安全评价工作步入法制化进程。

为了适应广大从事安全评价工作的从业人员的学习要求，系统地介绍安全评价知识和先进的技术方法，从而进一步掌握矿山、化工、危险化学品和烟花爆竹等高危行业企业的安全评价技术方法，我们组织编写了“安全评价实用技术丛书”。本套丛书具有以下特点：

1. 先进性。本套丛书是在最新的法律法规的指导下，注重安全评价技术新技术、新方法的讲授，前瞻性地介绍安全评价技术在我国的发展趋势。每分册均有相关的法律法规供参考查阅。

2. 系统性。本套丛书分基础知识、理论知识、法律法规应用知识和高危企业安全评价技术，兼顾即将从事和正在从事安全评价工作的从业人员，从基础理论入手，逐步培养安全评价实际操作能力。

3. 实用性。本套丛书各分册针对读者的不同需求，如基础知识和理论分册使读者能够全面了解安全评价技术及其发展的来龙去脉，了解安全评价方法和采取的技术手段的前因后果，安全评价方法的具体内容与它们在实际工作中的应用；行业分册旨在让读者系统地学习安全评价在高危行业中的应用，从实际操作与案例入手，让读者掌握该行业企业安全评价工作的方法，培养实际操作能力。

本套丛书邀请了相关高等学校、科研院所长期从事安全评价科研与实际工作的专家、学者，以及安全评价机构长期从事相关行业企业安全评价工作的从业人员，共同组成了编写委员会，编委会成员有：佟瑞鹏、王岩、马英楠、赵一姝、范小花、韩海荣、祖悦、梁欣涛、陈大伟、于春雨、任丽军、李继征、韩雪萍、张清、刘洵、柳文杰、杜博、刘凯。

本书由赵一姝、范小花主编，由赵一姝统稿。

本套丛书在编写过程中，大量参考了相关专家学者的著作和资料，在此向他们表示感谢。由于时间和水平有限，书中恐有疏漏之处，敬请广大读者给予批评指正。

编委会

2011年7月

目　录

第一章 概 述

第一节 安全评价的基本概念

一、安全和危险

安全和危险是一对互为存在前提的术语，在安全评价中，主要是指人和物的安全和危险。危险，常指危害或危害因素。安全，是指免遭不可接受危险的伤害。安全的实质就是防止事故，消除导致死亡、伤害、急性职业危害及各种财产损失发生的条件。例如，在生产过程中，导致灾害性事故的原因有人的误判断、误操作、违章作业，设备缺陷、安全装置失效、防护器具故障，作业方法不当及作业环境不良等。所有这些又涉及设计、施工、操作、维修、储存、运输以及经营管理等许多方面，因此必须从系统的角度观察、分析，并采取综合方法消除危险，才能达到安全的目的。

二、事故

事故是指造成人员死亡、伤害、职业病、财产损失或其他损失的意外事件。事件的发生可能造成事故，也可能并未造成任何损失。对于没有造成职业病、死亡、伤害、财产损失或其他损失的事件可称之为“未遂事件”或“未遂过失”。因此，事件既包括事故事件，也包括未遂事件。

事故是由危险因素导致的，危险因素导致的人员死亡、伤害、职业危害及各种财产损失都属于事故。

三、风险

风险是危险、危害事故发生的可能性与危险、危害事故严重程度的综合度量。衡量风险大小的指标是风险率（R），它等于事故发生的概率（P）与事故损失严重程度（S）的乘积：

$$R=PS$$

由于概率值难以取得，故常用频率代替概率，上式可以表示为

$$风险率=\frac{事故次数}{单位时间}\times\frac{事故损失}{事故次数}=\frac{事故损失}{单位时间}$$

式中，单位时间可以是系统的运行周期，也可以是一年或几年；事故损失可以表示为死亡人数、事故次数、损失工作日数或经济损失等；风险率是二者之商，可以定量表示为百万工时死亡事故率、百万工时总事故率等，对于财产损失可以表示为千人经济损失率等。

四、系统和系统安全

系统是指由若干相互联系的、为了达到一定目标而具有独立功能的要素所构成的有机整体。对生产系统而言，系统构成包括人员、物资、设备、资金、任务指标和信息 6 个要素。

系统安全是指在系统寿命期间内应用系统安全工程和管理方法，识别系统中的危险源，定性或定量表征其危险性，并采取控制措施使其危险性最小化，从而使系统在规定的性能、时间和成本范围内达到最佳的可接受安全程度。因此，在生产中为了确保系统安全，需要按系统工程的方法，对系统进行深入分析和评价，及时发现固有的和潜在的各类危险和危害，提出应采取的解决方案和途径。

五、安全系统工程

安全系统工程是以预测和防止事故为中心，以识别、分析评价和控制安全风险为重点，开发、研究出来的安全理论和方法体系。它将工程、系统中的安全作为一个整体系统，应用科学的方法对构成系统的各个要素进行全面的分析，判明各种状况下危险因素的特点及其可能导致的灾害性事故，通过定性和定量分析对系统的安全性作出预测和评价，将系统事故降至最低的可接受限度。危险识别、风险评价、风险控制是安全系统工程方法的基本内容，其中危险识别是风险评价和风险控制的基础。

六、安全评价

安全评价是以实现工程、系统安全为目的，应用安全系统工程原理和方法，对工程、系统中存在的危险、有害因素进行识别与分析，判断工程、系统发生事故和急性职业危害的可能性及其严重程度，提出安全对策建议，从而为工程、系统制定防范措施和管理决策提供科学依据。

安全评价，国外也称风险评价或危险评价，它既需要安全评价理论的支撑，又需要理论与实际经验的结合，二者缺一不可（目前国内安全评价和国外的略有不同，国内尚未建立风险的基准的标准，量化的 QRA 计算目前尚无法进行，因此更多的是为政府和管理者提供安全防范措施）。

安全评价可在同一工程、系统中用来比较风险的大小，但不能用来证明当必要的安全设备未投入使用时工程、系统的状态是安全的，这样的证明既是方法的滥用，也会得出不符合逻辑的结果。

第二节　安全评价的目的和意义

一、安全评价的目的

安全评价的目的是查找、分析和预测工程、系统中存在的危险、有害因素及可能导致的危险、危害后果和程度，提出合理可行的安全对策措施，指导危险源临近和事故预防以达到最低事故率、最少损失和最优的安全投资效益。安全评价要达到的目的包括以下 4 个方面。

1. 促进实现本质安全化生产

通过安全评价，系统地从工程系统设计、建设、运行等过程对事故和事故隐患进行科学分析，针对事故和事故隐患发生的各种可能原因事件和条件，提出消除危险的最佳技术措施方案，特别是从设计上采取相应措施，实现生产过程的本质安全化，做到即使发生误操作或设备故障，系统存在的危险因素也不会因此导致重大事故发生。

2. 实现全过程安全控制

在设计之前进行安全评价，可避免选用不安全的工艺流程和危险的原材料以及不合适的设备、设施，或当必须采用时，提出降低或消除危险的有效方法。设计之后进行的评价，可查出设计中的缺陷和不足，及早采取改进和预防措施。系统建成以后运行阶段进行的系统安全评价，可了解系统的现实危险性，为进一步采取降低危险性的措施提供依据。

3. 建立系统安全的最优方案，为决策者提供依据

通过安全评价，分析系统存在的危险源及其分布部位、数目，预测事故的概率，事故严重度，提出应采取的安全对策措施等，决策者可以根据评价结果选择系统安全最优方案和管理决策。

4. 为实现安全技术、安全管理的标准化和科学化创造条件

通过对设备、设施或系统在生产过程中的安全性是否符合有关技术标准、规范、相关规定的评价，对照技术标准、规范找出存在的问题和不足，以实现安全技术和安全管理的标准化、科学化。

二、安全评价的意义

安全评价的意义在于可有效地预防事故发生，减少财产损失和人员伤亡与伤害。安全评价与日常安全管理和安全监督监察工作不同，安全评价是从技术带来的负效应出发，分析、论证和评估由此产生的损失和伤害的可能性、影响范围、严重程度及应采取的对策措施等。

1. 是安全生产管理的一个必要组成部分

“安全第一，预防为主”是我国安全生产的基本方针。作为预测、预防事故重要手段的安全评价，在贯彻安全生产方针中有着十分重要的作用，通过安全评价可确认生产经营单位是否具备了安全生产条件。

2. 有助于政府安全监督管理部门对生产经营单位的安全生产实行宏观控制

安全评价工作，特别是安全预评价，能够有效地提高工程安全设计的质量和投产后的安全可靠程度。投产时的安全验收评价，是根据国家有关技术标准、规范对设备、设施和系统进行符合性评价，提高安全达标水平。系统运转阶段的安全技术、安全管理、安全教育等方面的安全现状评价，可客观地对生产经营单位安全水平作出结论，使生产经营单位不仅了解可能存在的危险性，而且明确如何改进安全状况，同时也为安全监督管理部门了解生产经营单位安全生产现状、实施宏观控制提供基础资料。

3. 有助于安全投资的合理选择

安全评价不仅能够确认系统的危险性，而且还能进一步考虑危险性发展为事故的可能性及事故造成损失的严重程度，进而计算事故造成的危害，即风险率，并以此说明系统危险可能造成负效益的大小，以便合理地选择控制、消除事故发生的措施，确定安全措施投资的数量，从而使安全投入和可能减少的负效益达到合理的平衡。

4. 有助于提高生产经营单位的安全管理水平

安全评价可以使生产经营单位的安全管理变事后处理为事先预测、预防。传统安全管理方法的特点是凭经验进行管理，多为事故发生后再进行处理的"事后过程"。通过安全评价，可以预先识别系统的危险性，分析生产经营单位的安全状况，全面地评价系统及各部分的危险程度和安全管理状况，促使生产经营单位达到规定的安全要求。

安全评价可以使生产经营单位的安全管理变纵向单一管理为全面系统管理。安全评价使生产经营单位所有部门都能按照要求认真评价本系统的安全状况，将安全管理范围扩大到生产经营单位各个部门、各个环节，使生产经营单位的安全管理实现全员、全面、全过程、全时空的系统化管理。

系统安全评价可以使生产经营单位的安全管理变经验管理为目标管理。传统安全管理方法的特点是仅凭经验、主观意志和思想意识进行安全管理，没有统一的标准、目标。而安全评价可以使各部门、全体职工明确各自的安全指标要求，在明确的目标下，统一步调，分头进行，从而使安全管理工作做到科学化、统一化、标准化。

5. 有助于生产经营单位提高经济效益

安全预评价，可减少项目建成后由于达不到安全的要求而引起的调整和返工建设。安全验收评价，可将一些潜在的事故隐患在设施开工运行阶段消除。安全现状综合评价，可使生产经营单位较好地了解可能存在的危险并为安全管理提供依据。生产经营单位的安全生产水平的提高，无疑会带来经济效益的提高。

第三节　安全评价的内容和分类

一、安全评价的内容

安全评价是一个利用安全系统工程原理和方法，识别和评价系统、工程存在的风险的过程，这一过程包括危险、有害因素识别及危险和危害程度评价两部分。危险、有害因素识别的目的在于识别危险来源。危险和危害程度评价的目的在于确定来自危险源的危险性、危险程度，应采取的控制措施，以及采取控制措施后仍然存在的危险性是否可以被接受。在实际的安全评价过程中，这两个方面是不能截然分开、孤立进行的，而是相互交叉、相互重叠于整个评价工作中。安全评价的基本内容如图 1—1 所示。

随着现代科学技术的发展，在安全技术领域里，已由以往主要研究、处理那些已经发生和必然发生的事件，发展为主要研究、处理那些还没有发生，但有可能发生的事件，并把这种事件发生的可能性具体化为一个数量指标，计算事故发生的概率，划分危险等级，制定安全标准和对策措施，并对其进行综合比较和评价，从中选择最佳的方案，预防事故的发生。

安全评价通过危险性识别及危险度评价，客观地描述系统的危险程度，指导人们预先采取相应措施，来降低系统的危险性。

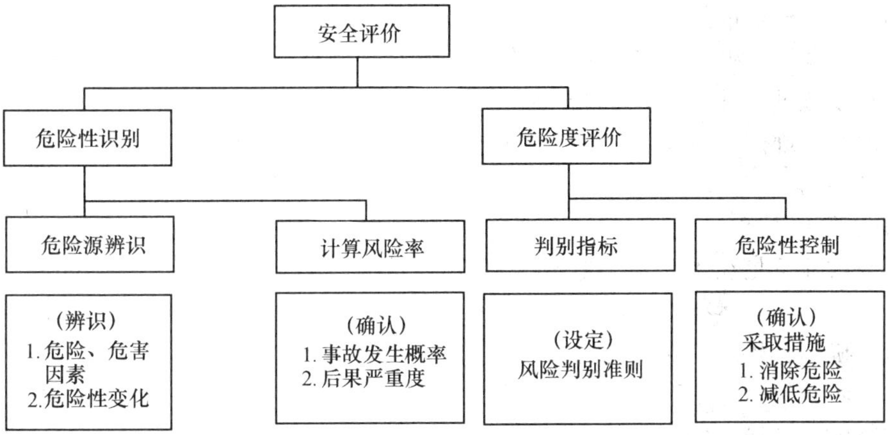

图 1—1　安全评价的基本内容

二、安全评价的分类

目前我国将安全评价通常根据工程、系统生命周期和评价的目的分为安全预评价、安全验收评价、安全现状评价和专项安全评价 4 类（实际是 3 大类，即安全预评价、安全验收评价、安全现状评价，专项评价应属现状评价的一种，属于政府在特定的时期内进行专项整治时开展的评价）。

1. 安全预评价

安全预评价是根据建设项目可行性研究报告的内容，分析和预测该建设项目可能存在的危险、有害因素的种类和程度，提出合理可行的安全对策措施及建议。

安全预评价实际上就是在项目建设前，应用安全评价的原理和方法对系统（工程、项目）的危险性、危害性进行预测性评价。

安全预评价以拟建建设项目作为研究对象，根据建设项目可行性研究报告提供的生产工艺过程、使用和产出的物质、主要设备和操作条件等，研究系统固有的危险及有害因素，应用安全系统工程的方法，对系统的危险性和危害性进行定性、定量分析，确定系统的危险、有害因素及其危险、危害程度；针对主要危险、有害因素及其可能产生的危险、危害后果提出消除、预防和降低的对策措施；评价采取措施后的系统是否能满足规定的安全要求，从而得出建设项目应如何设计、管理才能达到安全指标要求的结论。总之，对安全预评价的内容可概括为以下 4 点。

（1）安全预评价是一种有目的的行为，它是在研究事故和危害为什么会发生、是怎样发生的和如何防止发生等问题的基础上，回答建设项目依据设计方案建成后的安全性如何、是否能达到安全标准的要求及如何达到安全标准、安全保障体系的可靠性如何等至关重要的问题。

（2）安全预评价的核心是对系统存在的危险、有害因素进行定性、定量分析，即针对特定的系统范围，对发生事故、危害的可能性及其危险、危害的严重程度进行评价。

（3）安全预评价用有关标准（安全评价标准）对系统进行衡量，分析、说明系统的安全性。

（4）安全预评价的最终目的是确定采取哪些优化的技术、管理措施，使各子系统及建设项目整体达到安全标准的要求。

经过安全预评价形成的安全预评价报告，将作为项目报批的文件之一，同时也是项目最终设计的重要依据文件之一（具体地说，安全预评价报告主要提供给建设单位、设计单位、业主、政府管理部门。在设计阶段，必须落实安全预评价所提出的各项措施，切实做到建设项目在设计中的“三同时”）。

2. 安全验收评价

安全验收评价是在建设项目竣工验收之前、试生产运行正常之后，通过对建设项目的设施、设备、装置实际运行状况及管理状况的安全评价，查找该建设项目投产后存在的危险、有害因素，确定其程度，提出合理可行的安全对策措施及建议。

安全验收评价是运用系统安全工程原理和方法，在项目建成试生产正常运行后，在正式投产前进行的一种检查性安全评价。它通过对系统存在的危险和有害因素进行定性和定量的评价，判断系统在安全上的符合性和配套安全设施的有效性，从而作出评价结论并提出补救或补偿措施，以促进项目实现系统安全。

安全验收评价是为安全验收进行的技术准备，最终形成的安全验收评价报告将作为建设单位向政府安全生产监督管理机构申请建设项目安全验收审批的依据。另外，通过安全验收，还可检查生产经营单位的安全生产保障，确认《安全生产法》的落实。

在安全验收评价中，要查看安全预评价在初步设计中的落实，初步设计中的各项安全措施落实的情况，施工过程中的安全监理记录，安全设施调试、运行和检测情况等，以及隐蔽工程等安全落实情况，同时落实各项安全管理制度措施等。

3. 安全现状评价

安全现状评价是针对系统、工程的（某一个生产经营单位总体或局部的生产经营活动的）安全现状进行的安全评价，通过评价查找其存在的危险、有害因素，确定其程度，提出合理可行的安全对策措施及建议。

这种对在用生产装置、设备、设施、储存、运输及安全管理状况进行的全面综合安全评价，是根据政府有关法规的规定或是根据生产经营单位职业安全、健康、环境保护的管理要求进行的，主要包括以下内容。

（1）全面收集评价所需的信息资料，采用合适的安全评价方法进行危险识别，给出量化的安全状态参数值。

（2）对于可能造成重大后果的事故隐患，采用相应的数学模型，进行事故模拟，预测极端情况下的影响范围，分析事故的最大损失，以及发生事故的概率。

（3）对发现的隐患，根据量化的安全状态参数值、整改的优先度进行排序。

（4）提出整改措施与建议。

评价形成的现状综合评价报告的内容，应纳入生产经营单位安全隐患整改和安全管理计划，并按计划加以实施和检查。

4. 安全专项评价

安全专项评价是根据政府有关管理部门的要求进行的，是对专项安全问题进行的专题安全分析评价，如危险化学品专项安全评价、非煤矿山专项安全评价等。

安全专项评价一般是针对某一项活动或场所，如一个特定的行业、产品、生产方式、生产工艺或生产装置等，存在的危险、有害因素进行的安全评价，目的是查找其存在的危险、有害因素，确定其程度，并提出合理可行的安全对策措施及建议。

如果生产经营单位是生产或储存、销售剧毒化学品的企业，评价所形成的安全专项评价报告则是上级主管部门批准其获得或保持生产经营营业执照所要求的文件之一。

第四节　安全评价的依据

安全评价是政策性很强的一项工作，必须依据我国现行的法律、法规和技术标准，以保障被评价项目的安全运行，保障劳动者在劳动过程中的安全与健康。安全评价涉及这些法规、标准等的可随法规、标准条文的修改或新法规、标准的出台而变动。

一、法律、法规

1. 安全法规的规范性文件

安全法规的规范性文件主要有以下 6 种。

（1）宪法。宪法的许多条文直接涉及安全生产和劳动保护问题，这些规定既是安全法规制定的最高法律依据，又是安全法律、法规的一种表现形式。

（2）法律。法律是由国家立法机构以法律形式颁布实施的，例如《中华人民共和国劳动法》《中华人民共和国安全生产法》《中华人民共和国矿山安全法》等。

（3）行政法规。它是由国务院制定的安全生产行政法规。例如国务院发布的《危险化学品管理条例》《女职工保护规定》等。

（4）部门规章。它是由国务院有关部门制定的专项安全规章，是安全法规各种形式中数量最多的。例如国家安全生产监督管理总局发布的《安全评价通则》及各类安全评价导则，（原）劳动部发布的《建设项目（工程）劳动安全卫生监察规定》《建设项目（工程）职业安全卫生设施和技术措施验收办法》等。

（5）地方性法规和地方规章。地方法规是由各省、自治区、直辖市人大及其常务委员会制定的有关安全生产的规范性文件；地方规章是由各省、自治区、直辖市政府，其首府所在地的市和经国务院批准的较大的市政府制定的有关安全生产的专项文件。

（6）国际法律文件。国际法律文件主要是我国政府批准加入的国际劳工公约（目前共 22 个）。

2. 安全评价目前所依据的主要法律、法规

这些主要法律、法规包括：

（1）《中华人民共和国劳动法》。该法设立了劳动安全专章，对以下方面提出了明确要求：劳动安全卫生设施必须符合国家规定的标准；劳动安全卫生设施必须与主体工程同时设计、同时施工、同时投入生产和使用的“三同时”原则；从事特种作业的劳动者，必须经过专门培训并取得特种作业资格。

（2）《中华人民共和国安全生产法》。该法涉及安全评价的规定有：依法设立的为安全生产提供服务的中介机构，依照法律、行政法规和执业准则，接受生产经营单位的委托为其安全生产工作提供技术服务；矿山建设项目和用于生产、储存危险物品的建设项目，应当分别按照国家有关规定进行安全条件论证和安全评价；生产经营单位对重大危险源，应当登记建档，进行定期检测、评估、监控，并制定应急预案，告知从业人员和相关人员在紧急情况下应采取的应急措施；承担安全评价、认证、检测、检验工作的机构违规的处罚原则。

（3）《中华人民共和国矿山安全法》。该法对矿山建设的安全保障、矿山开采的安全保障、矿山生产经营单位的安全管理、矿山事故处理、矿山安全的行政管理及法律责任等做了明确规定。

（4）国家安全生产监督管理总局、国家煤矿安全监督局（安监管技装字［2002］45 号）《关于加强安全评价机构管理的意见》。该文件首次明确规定安全评价的主要内容为：安全评价是指运用定量或定性的方法，对建设项目或生产经营单位存在的职业危险因素和有害因素进行识别、分析和评估；安全评价包括安全预评价、安全验收评价、安全现状评价和专项安全评价。

（5）国家安全生产监督管理总局《安全评价通则》。该通则规定了系统、工程的安全评价的基本原则和要求、评价工作程序、评价报告书的内容及要求、评价方法的选择原则、评价报告书的格式等，是具体进行评价工作的操作依据。

二、标准

1. 标准分类

安全评价相关标准可按来源、法律效力、对象特征等分类。

（1）按标准来源可分为 4 类：①由国家主管标准化工作的部门颁布的国家标准，例如《生产设备安全卫生设计总则》《生产过程安全卫生要求总则》等；②国务院各部委发布的行业标准，例如原冶金部的《冶金生产经营单位安全设计卫生设计规定》等；③地方政府制定发布的地方标准，例如《不同行业同类工种职工个人劳动防护用品发放标准》（［91］鲁劳安字第 582 号）；④国际标准和外国标准。

（2）按标准法律效力可分为两类：①强制性标准，例如《建筑设计防火规范》（GB 50016—2006）、《爆炸和火灾危险环境电力装置设计规范》（GB 50058—2001）等；②推荐性标准，例如《汽车危险货物运输、装卸作业规程》（JT/T 3145—1991）等。

（3）按标准对象特征可分为管理标准和技术标准。其中技术标准又可分为基础标准、产品标准和方法标准 3 类。

2. 安全评价所依据的标准

安全评价依据的标准众多，不同行业会涉及不同的标准，难以一一列出。

一些常用标准、规范将在下一章作简单介绍。应该注意的是，标准有可能更新，应注意使用最新版本的标准。

三、风险判别指标

风险判别指标（以下简称指标）或判别准则的目标值，是用来衡量系统风险大小以及危险、危害性是否处于可接受的尺度。无论是定性评价还是定量评价，若没有指标，评价者将无法判定系统的危险和危害性是高还是低，是否达到了可接受的程度，以及改善到什么程度系统的安全水平才可以接受，定性、定量评价也就失去了意义。

常用的指标有安全系数、安全指标或失效概率等。例如，人们熟悉的安全指标有事故频率、财产损失率和死亡概率等。

在判别指标中，特别值得说明的是风险的可接受指标。世界上没有绝对的安全，所谓安全就是事故风险达到了合理可行并尽可能低的程度。减少风险是要付出代价的，无论减少危险发生的概率还是采取防范措施使可能造成的损失降到最小，都要投入资金、技术和劳务。通常的做法是将风险限定在一个合理的、可接受的水平上。因此，在安全评价中不是以危险性、危害性为零作为可接受标准，而是以合理的、可接受的指标作为可接受标准。指标不是随意规定的，而是根据具体的经济、技术情况来对危险、危害后果，危险、危害发生的可能性（概率、频率）和安全投资水平进行综合分析、归纳和优化，通常依据统计数据，有时也依据相关标准，制定出的一系列有针对性的危险危害等级、指数，以此作为要实现的目标值，即可接受风险。

第五节　安全评价的程序

安全评价的程序主要包括：准备阶段，危险、有害因素辨识与分析，定性、定量评价，提出安全对策措施，形成安全评价结论及建议，编制安全评价报告。具体程序如图 1—2 所示。

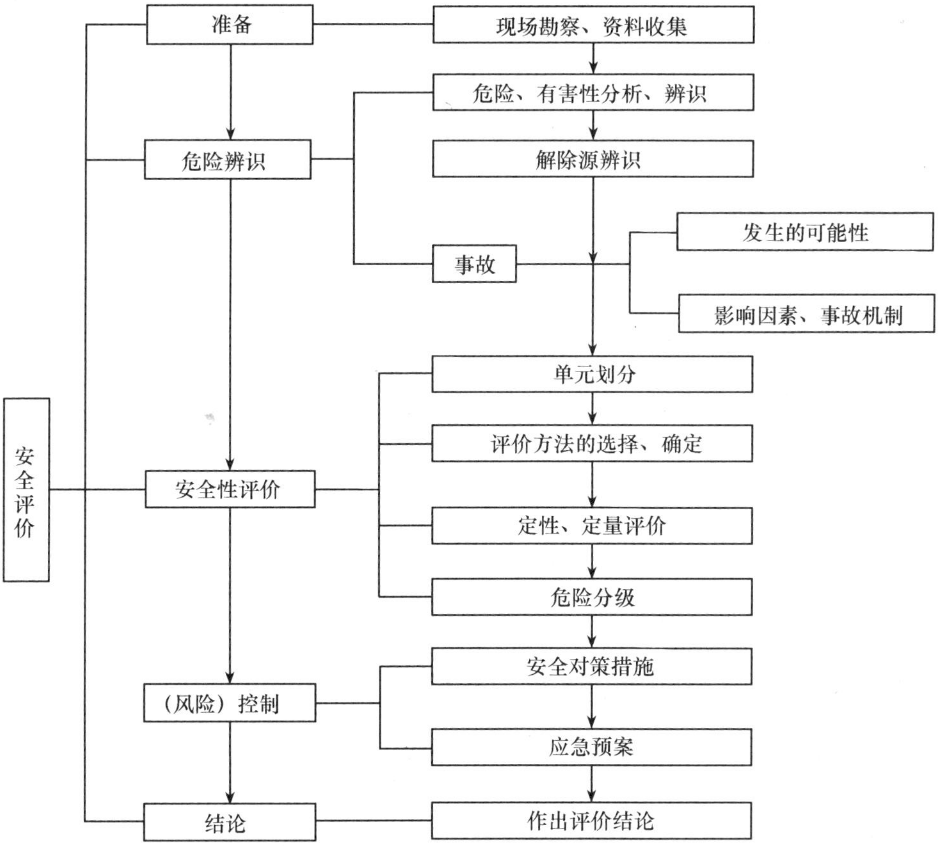

图 1—2　安全评价程序

1. 准备阶段

①明确被评价对象和范围；②收集国内外相关法律法规、技术标准及工程、系统的技术资料。

2. 危险、有害因素识别与分析

①根据被评价工程、系统的情况，识别和分析危险、有害因素；②确定危险、有害因素存在的部位及方式，事故发生的途径及其变化的规律。

3. 定性、定量评价

①在对危险、有害因素识别和分析的基础上，划分评价单元；②选择合理的评价方法；③对工程、系统发生事故的可能性和严重性进行定性、定量评价。

4. 安全对策措施

根据定性、定量评价结果，提出消除或减少危险、有害因素的技术和管理措施及建议。

5. 评价结论及建议

①简要地列出主要危险、有害因素；②指出工程、系统应重点防范的重大危险因素；③明确生产经营者应重视的重点安全措施。

6. 安全评价报告的编制

依据安全评价的结果编制相应的安全评价报告。

第二章　化工企业安全评价的前期准备

第一节　化工企业设立安全评价前期准备

评价人员通过与建设单位共同协商，确定安全评价的对象和范围后，并从工艺、物质、人员、设备等方面对项目可能存在的危险、有害因素进行初步分析。同时与要评价的化工企业相关人员进行全面的沟通，针对项目选址、平面布置、工艺技术选择、设备选型以及安全设施的配备等问题进行充分讨论，并取得一致意见。另外收集与化工企业相关的法律法规、标准规范、操作规程及事故案例等资料，并进行实地勘察，对该化工企业所在地的周边关系及自然条件等情况进行详细了解，分析其安全条件和安全生产条件是否满足要求。

第二节　化工企业现状安全评价前期准备

明确评价的范围，收集所需的各种资料，重点收集与现实运行状况有关的各种资料与数据，包括生产运行、设备管理、安全、职业危害、消防、技术检测等方面内容。评价机构依据生产经营单位提供的资料，按照确定的评价范围进行评价。

安全现状评价所需主要资料从以下方面收集：

（1）工艺；

（2）物料；

（3）生产经营单位周边环境情况；

（4）设备相关资料；

（5）管道；

（6）电气、仪表自动控制系统；

（7）公用工程系统；

（8）事故应急救援预案；

（9）规章制度及企业标准；

（10）相关的检测和检验报告。

安全现状评价所需主要资料清单见附录 A。

第三节　化工企业验收安全评价前期准备

明确评价对象及其评价范围；组建评价组；收集国内外相关法律法规、标准、规章、规范；安全预评价报告、初步设计文件、施工图、工程监理报告、工业园区规划设计文件，各项安全设施、设备、装置检测报告、交工报告、现场勘察记录、检测记录，查验特种设备使用、特种作业人员安全培训落实情况等实地调查收集到的基础资料。

安全验收评价参考资料目录参见附录B。

附录A

安全现状评价所需主要资料清单

A.1　工艺

1）工艺规程、操作规程及其工艺流程图，工艺操作步骤或单元操作过程，包括从原料的储存、加料的准备至产品产出及储存的整个过程操作说明

2）工艺变更说明书

A.2　物料

1）主要物料及其用量

2）基本控制原料说明

3）原材料、中间体、产品、副产品和废物的安全、卫生及环保数据

4）规定的极限值和（或）允许的极限值

A.3　生产经营单位周边环境情况

1）区域图和厂区平面布置图

2）气象数据、人口分布数据、场地水文地质等资料

A.4　设备相关资料

1）建筑和设备平立面布置图

2）设备明细表

3）设备材质说明、大机组监控系统、设备厂家提供的图样

A.5　管道

1）管道说明书、配管图

2）管道检测相关数据报告

A.6　电气、仪表自动控制系统

1）生产单元的电力分级图、电力分布图

2）仪表布置及逻辑图、控制及报警系统说明书、计算机控制系统软硬件设计、仪表明细表

A.7　公用工程系统

1）公用设施说明书

2）消防布置图及消防设施配备和设计应急能力说明

3）系统可靠性设计、通风可靠性设计、安全系统设计资料

4）通信系统资料

A.8　事故应急救援预案

1）事故应急救援预案

2）事故应急救援预案演练计划

A.9　规章制度及标准

1）内部规章、制度、检查表和企业标准

2）有关行业安全生产经验

3）维修操作规程

4）已有的安全研究、事故统计和事故报告

A.10　相关的检测和检验报告

附录 B

B.1　概况

1）基本情况，包括隶属关系、职工人数、所在地区及其交通情况等

2）生产经营活动合法证明材料，包括：企业法人证明、营业执照、矿产资源开采许可证、工业园区规划批准文件等

B.2　设计依据

1）立项批准文件、可行性研究报告

2）初步设计批准文件

3）安全预评价报告

B.3　设计文件

1）可行性研究报告、初步设计

2）工艺、功能设计文件

3）生产系统和辅助系统设计文件

4）各类设计图样

B.4　生产系统及辅助系统生产及安全说明

B.5　危险、有害因素分析所需资料

B.6　安全技术与安全管理措施资料

B.7　安全机构设置及人员配置

B.8　安全专项投资及其使用情况

B.9　安全检验、检测和测定的数据资料

B.10　特种设备使用、特种作业、从业许可证明、新技术鉴定证明

B.11　安全验收评价所需的其他资料和数据

第三章　化工企业危险、有害辨识及评价单元划分

第一节　化工企业主要危险、有害因素识别与分析

对化工企业主要危险、有害因素的识别要考虑三个方面：①可能使用、加工、生产出危险的物料；②可能采用具有危险性的工艺过程；③可能采用危险的单元操作。

一、危险、有害因素的定义及分类

1. 危险、有害因素的定义

危险因素：能对人造成伤亡或对物造成突发性损害的因素。

有害因素：能影响人的身体健康，导致疾病，或对物造成慢性损害的因素。

通常情况下，对两者并不加以区分而统称为危险、有害因素。主要指客观存在的危险、有害物质或能量超过临界值的设备、设施和场所等。

2. 危险、有害因素的分类

对危险、有害因素进行分类的目的在于安全评价时便于进行危险、有害因素的分析与识别。危险、有害因素分类的方法多种多样，安全评价中常“按导致事故的直接原因”和“参照事故类别”进行分类。

（1）按导致事故的直接原因进行分类

根据《生产过程危险和有害因素分类与代码》（GB/T 13861—2009）的规定，将生产过程中的危险、有害因素分为人的因素、物的因素、环境因素和管理因素 4 大类。

1）人的因素

A. 心理、生理性危险和有害因素

a）负荷超限

指易引起疲劳、劳损、伤害等的负荷超限，包括体力负荷超限、听力负荷超限、视力负荷超限、其他负荷超限）。

b）健康状况异常

指伤、病期等。

c）从事禁忌作业

d）心理异常

包括情绪异常、冒险心理、过度紧张、其他心理异常。

e）辨识功能缺陷

包括感知延迟、辨识错误、其他辨识功能缺陷。

f）其他心理、生理性危险和有害因素。

B. 行为性危险和有害因素

a）指挥错误

指生产过程中的各级管理人员的指挥错误。包括指挥失误、违章指挥、其他指挥错误。

b）操作错误

包括误操作、违章作业、其他操作错误。

c）监护失误

d）其他行为性危险和有害因素（包括脱岗等违反劳动纪律行为）。

2）物的因素

A. 物理性危险和有害因素

a）设备、设施、工具、附件缺陷

包括强度不够、刚度不够、稳定性差（指抗倾覆、抗位移能力不够。包括重心过高、底座不稳定、支撑不正确等）、密封不良（指密封件、密封介质、设备辅件、加工精度、装配工艺等缺陷以及磨损、变形、气蚀等造成的密封不良）、耐腐蚀性差、应力集中、外形缺陷（指设备、设施表面的尖角利棱和不应有的凹凸部分等）、外露运动件（指人员易触及的运动部件）、操纵器缺陷（指结构、尺寸、形状、操纵力不合理及操纵器失灵、损坏等）、制动器缺陷、控制器缺陷、设备设施其他缺陷等。

b）防护缺陷

包括无防护、防护装置和设施缺陷（指防护装置、设施本身安全性、可靠性差，包括防护装置、设施、防护用品损坏、失效、失灵等）、防护不当（指防护装置、设施和防护用品不符合要求，使用不当，不包括防护距离不够）、支撑不当（包括矿井、建筑施工支护不符要求）、防护距离不够（指设备布置、机械、电气、防火、防爆等安全距离不够和卫生防护距离不够等）、其他防护缺陷等。

c）电伤害

包括带电部位裸露（指人员易触及的裸露带电部位）、漏电、静电和杂散电流、电火花、其他电伤害等。

d）噪声

包括机械性噪声、电磁性噪声、流体动力性噪声、其他噪声等。

e）振动危害

包括机械性振动、电磁性振动、流体动力性振动、其他振动危害等。

f）电离辐射

包括 X 射线、γ 射线、α 粒子、β 粒子、质子、中子、高能电子束等。

g）非电离辐射

包括紫外辐射、激光辐射、微波辐射、超高频辐射、高频电磁场、工频电场等。

h）运动物危害

包括抛射物、飞溅物、坠落物、反弹物、土、岩滑动、料堆（垛）滑动、飞流卷动、其他运动物伤害。

i）明火

j）高温物质

包括高温气体、高温液体、高温固体、其他高温物体。

k）低温物质

包括低温气体、低温液体、低温固体、其他低温物体。

l）信号缺陷

无信号设施（指应设信号设施处无信号，如无紧急撤离信号等）、信号选用不当、信号位置不当、信号不清（指信号量不足，如响度、亮度、对比度、维持时间不够）、信号显示不准（包括信号显示错误、显示滞后或超前）、其他信号缺陷。

m）标志缺陷

包括无标志、标志不清晰、标志不规范、标志选用不当、标志位置缺陷、其他标志缺陷。

n）有害光照

包括直射光、反射光、眩光、频闪效应等。

o）其他物理性危险和有害因素。

B. 化学性危险、有害因素

根据 GB 13690—2009 中的规定，包括爆炸品、压缩气体和液化气体、易燃液体、易燃固体、自燃物品和遇湿易燃物品、氧化剂和有机过氧化物、有毒品、放射性物品、腐蚀品、粉尘与气溶胶、其他化学性危险和有害因素。

C. 生物性危险、有害因素

a）致病微生物

包括细菌、病毒、真菌、其他致病性微生物。

b）传染病媒介物

c）致害动物

d）致害植物

e）其他生物危险和有害因素。

3）环境因素

包括室内、室外、地上、地下（如隧道、矿井）、水上、水下等作业（施工）环境。

A. 室内作业场所环境不良

a）室内地面滑

指室内地面、通道、楼梯被任何液体、熔融物质润湿，结冰或有其他易滑物等。

b）室内作业场所狭窄

c）室内作业场所杂乱

d）室内地面不平

e）室内梯架缺陷

包括楼梯、阶梯、电动梯和活动梯架，以及这些设施的扶手、扶栏和护栏、护网等。

f）地面、墙和天花板上的开口缺陷

包括电梯井、修车坑、门窗开口、检修孔、孔洞、排水沟等。

g）房屋地基下沉

h）室内安全通道缺陷

包括无安全通道、安全通道狭窄、不畅等。

i）房屋安全出口缺陷

包括无安全出口、设置不合理等。

j）采光照明不良房屋安全出口缺陷

指照度不足或过强、烟尘弥漫影响照明等。

k）作业场所空气不良

指自然通风差、无强制通风、风量不足或气流过大、缺氧、有害气体超限等。

l）室内温度、湿度、气压不适

m）室内给、排水不良

n）室内涌水

o）其他室内作业场所环境不良。

B. 室外作业场地环境不良

a）恶劣气候与环境

包括风、极端的温度、雷电、大雾、冰雹、暴雨雪、洪水、浪涌、泥石流、地震、海啸等。

b）作业场地和交通设施湿滑

包括铺设好的地面区域、阶梯、通道、道路、小路等被任何液体、熔融物质润湿，冰雪覆盖或有其他易滑物等。

c）作业场地狭窄

d）作业场地杂乱

e）作业场地不平

包括不平坦的地面和路面，有铺设的、未铺设的、草地、小鹅卵石或碎石地面和路面。

f）航道狭窄、有暗礁或险滩

g）脚手架、阶梯和活动梯架缺陷

包括这些设施的扶手、扶栏和护栏、护网等。

h）地面开口缺陷

包括升降梯井、修车坑、水沟、水渠等。

i）建筑物和其他结构缺陷

包括建筑中或拆毁中的墙壁、桥梁、建筑物；筒仓、固定式粮仓、固定的槽罐和容器；屋顶、塔楼等。

j）门和围栏缺陷

包括大门、栅栏、畜栏和铁丝网等。

k）作业场地基础下沉

l）作业场地安全通道缺陷

包括无安全通道、安全通道狭窄、不畅等。

m）作业场地安全出口缺陷

包括无安全出口、设置不合理等。

n）作业场地光照不良

指光照不足或过强、烟尘弥漫影响光照等。

o）作业场地空气不良

指自然通风差或气流过大、作业场地缺氧、有害气体超限等。

p）作业场地温度、湿度、气压不适

q）作业场地涌水

r）其他室外作业场地环境不良。

C. 地下（含水下）作业环境不良

不包括以上室内室外作业环境已列出的有害因素。

a）隧道/矿井顶面缺陷

b）隧道/矿井正面或侧壁缺陷

c）隧道/矿井地面缺陷

d）地下作业面空气不良

包括通风差或气流过大、缺氧、有害气体超限等。

e）地下火

f）冲击地压

指井巷（采场）周围的岩石（如煤体）等物质在外载作用下产生的变形能，当力学平衡状态受到破坏时，瞬间释放，将岩体、气体、液体急剧、猛烈抛（喷）出造成严重破坏的一种井下动力现象。

g）地下水

h）水下作业供氧不当

i）其他地下（含水下）作业环境不良。

D. 其他作业环境不良

a）强迫体位

指生产设备、设施的设计或作业位置不符合人类工效学要求，而易引起作业人员疲劳、劳损或事故的一种作业姿势。

b）综合性作业环境不良

显示有两种以上作业环境致害因素，且不能分清主次的情况。

c）以上未包括的其他作业环境不良。

4）管理因素

A. 职业安全卫生组织机构不健全

包括组织机构的设置和人员的配置。

B. 职业安全卫生责任制未落实

C. 职业安全卫生管理规章制度不完善

包括建设项目“三同时”制度未落实、操作规程不规范、事故应急预案及响应缺陷、培训制度不完善、其他职业安全卫生管理规章制度不健全（包括隐患管理、事故调查处理等制度不健全）。

D. 职业安全卫生投入不足

E. 职业健康管理不完善

F. 其他管理因素缺陷。

（2）源自国家“九五”科技攻关成果——事故分类标准研究

1）坠落、滚落：指人从树木、建筑物、脚手架、机器、乘坐物、梯子、阶梯、斜面等处落下。其包括与车辆式机械（如铲车）等一起滚落的情况，包括因坐立的场所动摇而坠落，以及因坐立的场所倒塌而坠落、不被掩埋而是碰到了其他物体（包括地面）的情况；不包括交通事故。触电坠落算“触电”分类。

2）摔倒、翻倒：指人因摔倒、绊倒、滑倒而碰撞了物体致伤。所以会摔倒，是因为人失去平衡、失去保持竖直状态的能力造成的人体运动。如倒在通道或工作面上，倒在、撞到物体上。碰撞点与人在大致同一平面上。这类危险、危害包括与车辆式机械等一起翻倒的情况，不包括交通事故。因触电摔倒则归入“触电”分类。

3）碰撞：指除①、②两类之外，以人为主动方面碰撞到静止物体或运动物体的情况，包括被推、被摔后与物体碰撞。例如人碰了起吊货物、机械部分。这包括与车辆式机械的碰撞，不包括交通事故。

4）飞溅、落下：指飞溅的物体、落下的物体为主动方面碰撞到人，人被碰撞。包括砂轮的破裂，切断片、切屑等物飞溅，包括自己拿的物体掉到脚上。但容器破裂后的飞溅物伤人，则归入“破裂”类。

5）坍塌、倒塌：指堆积物、物料、脚手架、建筑物等散落或倒塌碰到人，人被碰被压。包括直立的物体倒下、塌方、雪崩、滑坡等。

6）被碰撞：指除④、⑤两类以外，物为主动方面碰人的情况。包括起吊的货物，机械的活动部分等碰到人；但不包括交通事故。

7）轧入：指被物体夹住、卷进而挤压、拧绞。例如：被卷入转动的或啮合的物体，被夹、被卷、被压在一运动物体与一静止物体之间或两个运动物体之间。因冲床的金属模、锻压机的锤而致的创伤属于本分类。它包括被压，不包括交通事故。

8）切伤、擦伤：指被摩擦，在摩擦状态下被切伤。如由于靠在、跪在或坐在物体上，由于拿着或搬运的物体，由于振动的物体等致伤。这包括被刀具切割，使用工具时被物体切割、摩擦等。

9）踩伤：指踩着钉子、金属片等。包括踩穿地板、石棉瓦等致伤。踩穿而坠落归入“坠落”分类。

10）淹溺。

11）接触高温、低温物：指与热的物体或物质、冷的物体或物质接触致伤，包括由于暴露于高温或低温环境下受伤害。例如：与火焰、弧光、熔融状金属、烫水、水蒸气接触而致伤，由于炉前高温作业而中暑。低温，包括暴露在冷库内环境下等情况。

12）接触有害物：指通过呼吸、吸收（皮肤接触）或摄入有害物、有毒物致伤的情况。包括被放射线辐射、被腐蚀剂致伤。缺氧症及因暴露于高气压、低气压环境下导致的伤害也属此类。

13）触电：包括触及带电体和人受放电冲击，包括雷击。

14）爆炸：指压力急剧发生或释放，伴随爆声的膨胀等情况。这包括水蒸气爆炸，不包括破裂。容器、装置的内部爆炸等容器、装置发生破裂，也归于此类。

15）破裂：指容器或装置因物理性压力而破裂。如：熔铁炉的水冷套破裂，人被碎片打中；开水炉破裂，人被开水烫伤。这包括压碎，不包括因机械力而破裂的情况，如砂轮破裂。

16）火灾。

17）道路交通事故：指企业内道路交通及运输中的事故，受伤害人是乘客或驾驶员。这包括与其他车辆的碰撞、擦碰，与停放车或静止物体的碰撞、擦碰，翻车，冲出公路（失控），急停或急起动等；不包括发生在运输工具上个人性质的事故，例如：在车内走动时跌倒或在车内正常活动时碰到货物或车的某部分上，不是因车的事故或运动引起的从车上摔下，在车辆加油、修理、装卸货时发生的事故不包括在此分类。

18）其他交通事故：指由船舶、飞机及用于公共运输的列车、电车等造成的事故。限于工作活动范围的情况，工作外交通事故不在此分类。

19）动作不当：指造成伤害的原因仅仅在于人本身的情况。包括因身体的一个随意动作，如行走、奔跑、展身、搬重物时猛直腰等一类身体的动作以及因不自然的姿势、动作反常引起扭伤、挫伤、闪腰、肌肉损伤等情况。包括因抬、拉、推、挥动或投掷物体时用力过猛而受伤。失去平衡坠落、搬物过重摔倒等，即使也有动作不当的原因，也在“坠落”“摔倒”等中分类。能在“碰撞”“被碰撞”及上述其他分类中分类者，不在此分类。

20）其他：指在上述任何一类中都不能包括的情况。例如被动物或昆虫叮咬而致伤等。

以上分类可归为 3 种情况：（1）～（13）属于人与物体或物质接触（包括人暴露于有害环境下）造成伤害的情况；（14）～（18）属于因事故而造成伤害的情况；（19）是单纯因人的因素而造成伤害的情况。“其他”中的情况一般属前两类。

上述与国际接轨的分类从物理力学的角度阐明了各类的含义，并在说明中明确了各类的范围。上述分类具有普遍性，适用于各种行业和作业活动，且各类之间具有互斥性。

3. 识别危险、有害因素的原则

（1）科学性

危险、有害因素的识别是分辨、识别、分析确定系统内存在的危险，而并非研究防止事故发生或控制事故发生的实际措施。它是预测安全状态和事故发生途径的一种手段。这就要求进行危险、有害因素识别，必须要有科学的安全理论作指导，使之能真正揭示系统安全状况，辨识出有害因素存在的部位、存在的方式、事故发生的途径及其变化的规律，并予以准确描述，以定性、定量的概念清楚地显示出来，用严密的合乎逻辑的理论予以解释清楚。

（2）系统性

危险、有害因素存在于生产活动的各个方面，因此要对系统进行全面、详细的剖析，研究系统和系统及子系统之间的相关和约束关系，分清主要危险、有害因素及其相关的危险、有害性。

（3）全面性

识别危险、有害因素时不要发生遗漏，以免留下隐患。要从厂址、自然条件、总图运输、建构筑物、工艺过程、生产设备装置、特种设备、公用工程、安全管理系统，设施，制度等各方面进行分析、识别；不仅要分析正常生产运转、操作中存在的危险、有害因素，还要分析、识别开车、停车、检修，装置受到破坏及操作失误情况下的危险、有害后果。

（4）预测性

对于危险、有害因素，还要分析其触发事件，亦即危险、有害因素出现的条件或设想的事故模式。

二、物质的危险性分析

化工生产中的原料、材料、半成品、中间产品、副产品以及储运中的物质分别以气、液、固态存在。它们在不同的状态下分别具有相对应的物理、化学性质及危险、危害特性。因此，了解并掌握这些物质固有的危险特性是进行危险、危害识别、分析、评价的基础。

物质的危险性识别应从其理化性质、稳定性、化学反应活性、燃烧及爆炸特性、毒性及健康危害等方面进行分析与识别，例如一氧化碳的危险、有害识别（见表 3—1）。

表 3—1　　一氧化碳理化特性及危险、有害因素识别表

<table>
<tr><td rowspan="3">标志</td><td>中文名</td><td>一氧化碳</td><td>英文名</td><td colspan="3">Carbon monoxide</td></tr>
<tr><td>分子式</td><td>CO</td><td>相对分子质量</td><td>28.01</td><td rowspan="2">UN 编号</td><td rowspan="2">1016</td></tr>
<tr><td>危规号</td><td>21005</td><td>CAS 号</td><td>630-08-0</td></tr>
<tr><td rowspan="6">理化性质</td><td>性状</td><td colspan="5">无色无臭气体</td></tr>
<tr><td>熔点/℃</td><td>−199.1</td><td>溶解性</td><td colspan="3">微溶于水，溶于乙醇、苯等多数有机溶剂</td></tr>
<tr><td>沸点/℃</td><td>−191.4</td><td>相对密度（水=1）</td><td colspan="3">0.79</td></tr>
<tr><td>饱和蒸气压/kPa</td><td>无资料</td><td>相对密度（空气=1）</td><td colspan="3">0.97</td></tr>
<tr><td>临界温度/℃</td><td>−140.2</td><td>燃烧热（kJ/mol）</td><td colspan="3">无资料</td></tr>
<tr><td>临界压力/MPa</td><td>3.50</td><td>最小点火能/mJ</td><td colspan="3">无资料</td></tr>
<tr><td rowspan="6">燃烧爆炸危险性</td><td>燃烧性</td><td>易燃</td><td>燃烧（分解）产物</td><td colspan="3">二氧化碳</td></tr>
<tr><td>闪点/℃</td><td><−50</td><td>聚合危害</td><td colspan="3">不聚合</td></tr>
<tr><td>爆炸极限（体积分数）/%</td><td>12.5～74.2</td><td>稳定性</td><td colspan="3">稳定</td></tr>
<tr><td>自燃温度/℃</td><td>610</td><td>禁忌物</td><td colspan="3">强氧化剂、碱类</td></tr>
<tr><td colspan="6">危险特性　是一种易燃易爆气体。与空气混合能形成爆炸性混合物，遇明火、高热能引起燃烧爆炸</td></tr>
<tr><td colspan="6">灭火方法　切断气源。若不能立即切断气源，则不允许熄灭正在燃烧的气体。喷水冷却容器，可能的话将容器从火场移至空旷处
灭火剂　雾状水、泡沫、二氧化碳、干粉</td></tr>
<tr><td>毒性</td><td colspan="6">接触限值　中　国　MAC（mg/m^3）30
前苏联　MAC（mg/m^3）20
美　国　TVL-TWA
OSHA　50×10^{-6}，57mg/m^3
ACGIH　25×10^{-6}，29 mg/m^3
美　国　TLV-STEL　未制定标准</td></tr>
</table>

续表

对人体的危害	一氧化碳在血中与血红蛋白结合而造成组织缺氧 急性中毒　轻度中毒者出现头痛、头晕、耳鸣、心悸、恶心、呕吐、无力，血液碳氧血红蛋白浓度可高于10%；中度中毒者除上述症状外，还有皮肤黏膜呈樱红色、脉快、烦躁、步态不稳、浅至中度昏迷，血液碳氧血红蛋白浓度可高于30%；重度患者深度昏迷、瞳孔缩小、肌张力增强、频繁抽搐、大小便失禁、休克、肺水肿、严重心肌损害等，血液碳氧血红蛋白可高于50%。部分患者昏迷苏醒后，经2～60天的症状缓解期后，又可能出现迟发性脑病，以意识精神障碍、锥体系或锥体外系损害为主 慢性影响　能否造成慢性中毒及对心血管影响无定论
急救	吸入　迅速脱离现场至空气新鲜处。保持呼吸道通畅。如呼吸困难，给输氧。呼吸心跳停止时，立即进行人工呼吸和胸外心脏按压术。就医
防护	工程　控制严加密闭，提供充分的局部排风和全面通风。生产生活用气必须分路 呼吸系统防护　空气中浓度超标时，佩戴自吸过滤式防毒面具（半面罩）。紧急事态抢救或撤离时，建议佩戴空气呼吸器、一氧化碳过滤式自救器 眼睛防护　一般不需要特殊防护，高浓度接触时可戴安全防护眼镜 身体防护　穿防静电工作服 手防护　戴一般作业防护手套 其他　工作现场严禁吸烟。实行就业前和定期的体检。避免高浓度吸入。进入罐、限制性空间或其他高浓度区作业，须有人监护
泄漏应急处理	迅速撤离泄漏污染区人员至上风处，并立即隔离150 m，严格限制出入。切断火源。建议应急处理人员戴自给正压式呼吸器，穿消防防护服。尽可能切断泄漏源。合理通风，加速扩散。喷雾状水稀释、溶解。构筑围堤或挖坑收容产生的大量废水。如有可能，将漏出气用排风机送至空旷地方或装设适当喷头烧掉。也可以用管路导至炉中、凹地焚之。漏气容器要妥善处理，修复、检验后再用
储运	易燃有毒的压缩气体。储存于阴凉、通风仓间内。仓内温度不宜超过30℃。离火种、热源，防止阳光直射。应与氧气、压缩空气、氧化剂等分开存放。切忌混储混运。储存间内的照明、通风等设施应采用防爆型，开关设在仓外。配备相应品种和数量的消防器材。禁止使用易产生火花的机械设备和工具。验收时要注意品名，注意验瓶日期，先进仓的先发用、搬运时轻装轻卸，防止钢瓶及附件破损。运输按规定路线行驶，勿在居民区和人口稠密区停留

危险物品的物质特性可从危险化学品安全技术说明书中获取。危险化学品安全技术说明书主要由“成分/组成信息、危险性概述、理化特性、毒理学资料、稳定性和反应活性”等16项内容构成。

进行危险物品的危险、有害性识别与分析时，危险物品分为以下10类。

1. 易燃、易爆物质

引燃、引爆后在短时间内释放出大量能量的物质，由于其具有迅速释放能量的能力而产生危害，或者是因其爆炸或燃烧而产生的物质造成危害（如有机溶剂）。如汽油、液化石油气、氢气、甲烷、液氨等。易燃易爆性物质包括能引起爆炸或火灾的不稳定物质、分解反应中放出大量能量的活性化学品、具有爆炸性物质特有的原子团的聚合物（见表 3—2）和分解爆炸性气体等。

表 3—2　　爆炸性物质所特有的原子团

原子团	化合物名称	原子团	化合物名称	原子团	化合物名称
—C≡C—	乙炔化合物、炔烃	—O—X	次卤酸化合物	O=C(—)—O—O—H	过氧酸
$—\overset{-}{N}—\overset{+}{N}≡N$	叠氮化合物	$—O—NO_2$	硝酸酯、硝酸盐	—O—O—	过氧化物
$—ClO_3$	氯酸盐	$—NO_2$	硝基化合物	—C—O—C— (C—O—O环)	臭氧化物
CN_2	重氮化合物	—NO	亚硝基化合物	$—ClO_4$	高氯酸盐
—N=N—	偶氮化合物	—O—NO	亚硝酸酯、亚硝酸盐	=N—Cl	N-氯胺
—O—N=C<	雷酸盐			>C—C< (O环)	环氧烃
—O—O—H	氢过氧化物				

2. 有害物质

人体通过皮肤接触或吸入、咽下后，对健康产生危害的物质。如一氧化碳、二氧化硫、硫化氢、液氯等。

3. 刺激性物质

对皮肤及呼吸道有不良影响（如丙烯酸酯）的物质。有些人对刺激性物质反应强烈，可能引起过敏反应。如氨气等。

4. 腐蚀性物质

用化学的方式伤害人身及材料的物质（如强酸、碱）。

腐蚀性物质的危险有害性包括两个方面：一是对人的化学灼伤。腐蚀性物质作用于皮肤、眼睛或进入呼吸系统、食道而引起表皮组织破坏，甚至死亡。二是腐蚀性物质作用于物质表面，如设备、管道、容器等而造成腐蚀、损坏。

腐蚀性物质可分为无机酸、有机酸、无机碱、有机碱、其他有机和无机腐蚀物质等五类。腐蚀的种类则包括电化学腐蚀和化学腐蚀两大类。

腐蚀的危险与危害主要包括以下 4 类。

（1）腐蚀造成管道、容器、设备、连接部件等损坏，轻则造成跑、冒、滴、漏，易燃易爆及毒性物质缓慢泄漏，重则由于设备强度降低发生裂破，造成易燃易爆及毒性物质大量泄漏，导致火灾爆炸或急性中毒事故的发生。

（2）腐蚀会使电气仪表受损，动作失灵，使绝缘损坏，造成短路，产生电火花导致事故发生。

（3）腐蚀性介质对厂房建筑、基础、构架等会造成损坏，严重时可发生厂房倒塌事故。

（4）当腐蚀发生在内部表面时，肉眼不能发现，会形成更大的隐患。例如石油化工设备，测厚漏项会造成设备或管道破裂导致火灾爆炸事故的发生。

5. 有毒物质

以不同形式干扰、妨碍人体正常功能的物质。它们可能加重器官（如肝脏、肾等）的负担，如氰化物溶剂及重金属（如铅、砷、汞等）。

（1）毒物：是指以较小剂量作用于生物体，能使生物体的生理功能或机体正常结构发生暂时性或永久性病理改变，甚至死亡的物质。毒性物质的毒性与物质的溶解度、挥发性和化学结构等有关。一般而言，溶解度越大其毒性越大，因其进入体内溶于体液、血液、淋巴液、脂肪及类脂质的数量多、浓度大，生化反应强烈所致；挥发性强的毒物，挥发到空气中的分子数多，浓度高，与身体表面接触或进入人体的毒物数量多，毒性大；物质分子结构与其毒性也存在一定关系，如脂肪族烃系列中碳原子数越多，毒性越大；含有不饱和键的化合物化学流行性（毒性）较大。

（2）工业毒物：工业毒物按化学性质分类，这在物质危险识别过程中是经常采用的分类方法。工业毒物的基本特性可以查阅相应的危险化学品安全技术说明书。

工业毒物的危害程度在《职业性接触毒物危害程度分级》（GB 5044—1985）中分为：

Ⅰ级——极度危害；

Ⅱ级——高度危害；

Ⅲ级——中度危害；

Ⅳ级——轻度危害。

列入我国国家标准中的常见毒物有 56 种，其中Ⅰ级 13 种，Ⅱ级 26 种，Ⅲ级 12 种，Ⅳ级 5 种。

工业毒物危害程度分级标准是以急性毒性、急性中毒发病情况、慢性中毒患病情况、慢性中毒后果、致癌性和最高容许浓度等 6 项指标为基础的定级标准。

（3）335 种剧毒化学品：国家安全生产监督管理总局、公安部、国家环境保护总局、卫生部、国家质量监督检验检疫总局、铁道部、交通部、中国民用航空总局于 2003 年 6 月 24 日联合公告了 2003 年第 2 号《剧毒化学品目录》（2002 年版），共收录了 335 种剧毒化学品。

6. 致癌、致突变及致畸物质

致畸物质阻碍人体细胞的正常发育生长；致癌物造成或促使不良细胞（如癌细胞）的发育，造成非正常胎儿的生长，产生死婴或先天性缺陷；致突变物质干扰细胞发育，造成后代的变化。

7. 造成缺氧的物质

蒸汽或其他气体，造成空气中氧气成分的减少或者阻碍人体有效地吸收氧气（如二氧化碳、一氧化碳、氮气及氰化氢）。

8. 麻醉物质

如有机溶剂等，麻醉作用使脑功能下降。如乙醇、甲醇等。

9. 氧化剂和有机过氧化物

氧化剂是指处于高氧化态，具有强氧化性，易分解放出氧和热量的物质。在与其他物质，尤其是易燃物接触时导致放热反应。如高锰酸钾、硝酸钾、氯酸钾等。

有机过氧化物指分子组成中含有过氧基的有机物，其本身易燃易爆，极易分解，对热、振动或摩擦极为敏感。有些物质放置在空气中能与空气中的氧气发生反应，形成不稳定的或爆炸性的有机过氧化物。根据经验，一些容易形成有机过氧化物的结构见表 3—3。其结构特点主要是具有弱 C—H 键及易引起附加聚合的双键。如异丙基醚、丁二烯等。

表 3—3　　空气中易形成过氧化物的结构

分子结构中的原子团	化合物种类	分子结构中的原子团	化合物种类
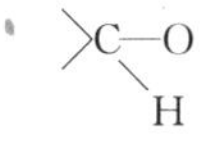	缩醛类、酯类、环氧类	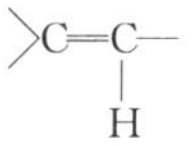	乙烯化合物（单体、酯、醚类）
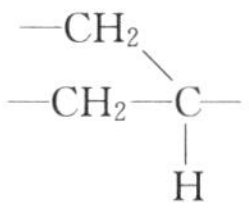	异丙基化合物	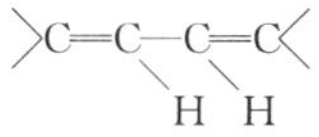	二烯类
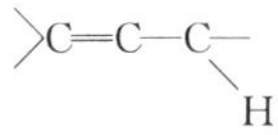	烯丙基化合物	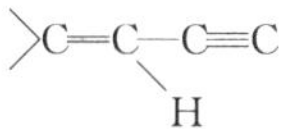	乙烯乙炔类
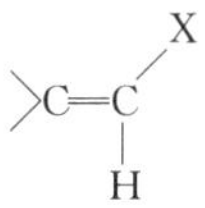	卤代链烯类	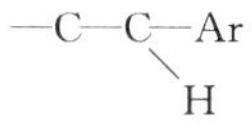	异丙基苯类、四氢萘类、苯乙烷类
		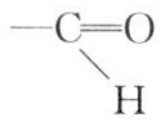	醛类

GB 13690—2009《化学品分类及危险性公示》将 145 种常用的危险化学品分为爆炸品、压缩气体和液化气体、易燃液体、易燃固体（含自燃物品）和遇湿易燃物品、氧化剂和有机过氧化物、有毒品、放射性物品、腐蚀品等 8 类。

10. 生产性粉尘

主要产生在开采、破碎、粉碎、筛分、包装、配料、混合、搅拌、散粉装卸及输送除尘等生产过程中的粉尘。

生产过程中，如果在粉尘作业环境中长时间工作吸入粉尘，就会引起肺部组织纤维化、硬化，丧失呼吸功能，导致肺病。尘肺病是无法治愈的职业病；粉尘还会引起刺激性疾病、急性中毒或癌症；爆炸性粉尘在空气中达到一定的浓度（爆炸下限浓度）时，遇火源会发生爆炸。

生产性粉尘危险、有害因素识别包括以下内容：

（1）根据工艺、设备、物料、操作条件，分析可能产生的粉尘种类和部位。

（2）用已经投产的同类生产厂、作业岗位的检测数据或模拟实验测试数据进行类比识别。

（3）分析粉尘产生的原因、粉尘扩散传播的途径、作业时间、粉尘特性，确定其危害方式和危害范围。

（4）分析是否具备形成爆炸性粉尘及其爆炸条件。

爆炸性粉尘属生产性粉尘，其危险性主要表现为：

· 与气体爆炸相比，其燃烧速度和爆炸压力均较低，但因其燃烧时间长、产生能量大，所以破坏力和损害程度大；

· 爆炸时粒子一边燃烧一边飞散，可使可燃物局部严重炭化，造成人员严重烧伤；

·最初的局部爆炸发生之后，会扬起周围的粉尘，继而引起二次爆炸、三次爆炸，扩大伤害；

·与气体爆炸相比，易于造成不完全燃烧，从而使人发生一氧化碳中毒。

爆炸性粉尘形成的4个必要条件为：

·粉尘的化学组成和性质；

·粉尘的粒度和粒度分布；

·粉尘的形状与表面状态；

·粉尘中的水分。

可用上述4个条件来辨识是否为爆炸性粉尘。

注：固体可燃物及某些常态下不燃的物质，如金属、矿物等经粉碎达到一定程度成为高度分散物系，具有极高的比表面自由焓，此时表现出不同于常态的化学活性。

爆炸性粉尘爆炸的条件为：

·可燃性和微粉状态；

·在空气中（或助燃气体）搅拌，悬浮式流动；

·达到爆炸极限；

·存在点火源。

三、生产过程的危险性分析

在现代科学技术高度发展的今天，由于化工装置的大型化、过程的自动化，一旦发生事故，后果相当严重。因此，发现问题要比解决问题更重要，即在过程的设计阶段就要进行危险、有害性分析，并通过对设计、安装、试车、开车、停车、正常运行、抢修等阶段的危险、有害性进行分析，识别出生产全过程中所有危险、有害性，然后研究安全对策措施，这是保证系统安全的重要手段。

在进行危险、有害因素的识别时，要全面、有序地进行识别，防止出现漏项，宜按厂址、总平面布置、道路及运输、建构筑物、工艺过程、物流、主要设备装置、作业环境管理等几方面进行识别。识别的过程实际上就是系统安全分析的过程。

1. 厂址

厂址方面的危险、有害因素，要从厂址的工程地质、地形地貌、水文、气象条件、周围环境、交通运输条件、自然灾害、消防支持等方面分析、识别。

2. 总平面布置

总平面布置方面的危险、有害因素，要从功能分区、防火间距和安全间距、风向、建筑物朝向、危险有害物质设施、动力设施（氧气站、乙炔气站、压缩空气站、锅炉房、液化石油气站等）、道路、储运设施等方面进行分析、识别。

3. 道路及运输

道路及运输方面的危险、有害因素要从运输、装卸、消防、疏散、人流、物流、平面交叉运输和竖向交叉运输等几方面进行分析、识别。

4. 建构筑物

建构筑物方面的危险、有害因素，要从厂房的生产火灾危险性分类，耐火等级、结构、层数、占地面积、防火间距、安全疏散等方面进行分析、识别；要从库房储存物品的火灾危险性分类、耐火等级、结构、层数、占地面积、安全疏散、防火间距等方面进行分析、识别。

5. 工艺过程

（1）对新建、改建、扩建项目设计阶段危险、有害因素，应从以下 6 个方面进行分析、识别：

1）对设计阶段是否通过合理的设计，尽可能从根本上消除危险、有害因素的发生进行考查。例如，考查是否采用无害化工艺技术，以无害物质代替有害物质并实现过程自动化等；否则就可能存在危险。

2）当消除危险、有害因素有困难时，对是否采取了预防性技术措施来预防或消除危险、危害的发生进行考查。例如，考查是否设置安全阀、防爆阀（膜）；是否有有效的泄压面积和可靠的防静电接地、防雷接地、保护接地，漏电保护装置等。

3）在无法消除危险或危险难以预防的情况下，对是否采取了减少危险、危害的措施进行考查。例如，考查是否设置防火堤、涂防火涂料；是否是敞开或半敞开式的厂房；防火间距、通风是否符合国家标准的要求等；是否以低毒物质代替高毒物质；是否采取了减震、消声和降温措施等。

4）在无法消除、预防、减弱危险的情况下，对是否将人员与危险、有害因素隔离等方面进行考查。例如，考查是否实行遥控，设隔离操作室、安全防护罩、防护屏，配备劳动保护用品等。

5）当操作者失误或设备运行一旦达到危险状态时，对是否能通过联锁装置来终止危险、危害的发生进行考查。例如，考查是否有锅炉极低水位时停炉联锁和冲剪压设备光电联锁保护等。

6）在易发生故障和危险性较大的地方，对是否设置了醒目的安全色、安全标志和声、光警示装置等进行考查。例如，考查厂内铁路或道路交叉路口、危险品库、易燃易爆物质区等，是否设置了安全警示标志、装置。

（2）对安全现状评价时，可针对行业的特点及行业安全标准、规程进行危险、有害因素分析、识别。

针对化工行业的特点，利用化工行业制定的安全标准、规程进行危险、有害因素分析、识别。例如，利用涂装作业安全规程、焊接与切割安全规程、氯乙烯安全技术规程、氧气及相关气体安全技术规程等对相应的被评价对象可能存在的危险、有害因素进行分析和识别。

1）化工工艺过程的危险、有害性识别具体有以下几种情况：

①存在不稳定物质的工艺过程，这些不稳定物质有原料、中间产物、副产物品、添加物或杂质等；

②含有易燃物料而且在高温、高压下运行的工艺过程；

③含有易燃物料且在冷冻状况下运行的工艺过程；

④在爆炸极限范围内或接近爆炸性混合物的工艺过程；

⑤有可能形成尘、雾爆炸性混合物的工艺过程；

⑥有剧毒、高毒物料存在的工艺过程；

⑦储有压力能量较大的工艺过程。

2）对于一般的工艺过程，也可以按以下原则进行工艺过程的危险、有害性识别：

①有能使危险物的良好防护状态遭到破坏或者损害的工艺；

②工艺过程参数（如反应的温度、压力、浓度、流量等）难以严格控制并可能引发事故的工艺；

③工艺过程参数与环境参数具有很大差异，系统内部或者系统与环境之间在能量的控制方面处于严重不平衡状态的工艺；

④脱离防护状态的危险物会引起或极易引起大量积聚的工艺和生产环境，例如危险气、液的排放，尘、毒严重的车间内通风不良等；

⑤有产生电气火花、静电危险性或其他明火作业的工艺，或有炽热物、高温熔融物的危险工艺或生产环境；

⑥能使设备可靠性降低的工艺过程，例如有低温、高温、振动和循环负荷疲劳影响等；

⑦存在由于工艺布置不合理较易引发事故的工艺；

⑧在危险物生产过程中有强烈机械作用影响（如摩擦、冲击、压缩等）的工艺；

⑨容易产生物质混合危险的工艺或者有使危险物出现配伍禁忌可能性的工艺，详见表3—4、表3—5和表3—6；

⑩其他危险工艺。

表3—4　　混合危险配伍

物质A	物质B	可能发生的某些现象	物质A	物质B	可能发生的某些现象
氧化剂	可燃物	生成爆炸性混合物	烯烃	空气	生成爆炸性的有机过氧化物
氯酸盐	酸	混触发火			
亚氯酸盐	酸	混触发火	氯酸盐	铵盐	生成爆炸性的铵盐
次氯酸盐	酸	混触发火	亚硝酸盐	铵盐	生成不稳定的铵盐
三氧化铬	可燃物	混触发火	氯酸钾	红磷	生成对冲击、摩擦敏感的爆炸物
高锰酸钾	可燃物	混触发火			
高锰酸钾	浓硫酸	爆炸	乙炔	铜	生成对冲击、摩擦敏感的铜盐
四氯化铁	碱金属	爆炸			
硝基化物	碱	生成高感度物质	苦味酸	铅	生成对冲击、摩擦敏感的铅盐
亚硝基化物	碱	生成高感度物质			
碱金属	水	混触发火	浓硝酸	胺类	混触发火
过氧化氢溶液	胺类	爆炸	过氧化钠	可燃物	混触发火
醚	空气	生成爆炸性的有机过氧化物	亚硝胺	酸	混触发火

表 3—5　　可发生激烈反应的不相容配伍

物质 A	物质 B
醋酸	铬酸、硝酸、含烃氧基的化合物、乙二醇、过氯酸、过氧化物、高锰酸盐
丙酮	浓硝酸和浓硫酸混合物
乙炔	氯、溴、铜、银、氟及汞
碱金属和碱土金属如钠、钾、锂、镁、钙、铝粉	二氧化碳、四氯化碳及其他烃类氯化物（火场中有物质 A 时禁用水、泡沫及干粉，可用干砂灭火）
无水的氨	汞、氯、次氯酸钙、碘、溴和氟化氢
硝酸铵	酸、金属粉、易燃液体、氯酸盐、亚硝酸盐、硫、有机物或可燃物的粉屑
苯胺	硝酸、过氧化氢
氧化钙	水
溴	氨、乙炔、丁二烯、丁烷和其他石油气、钠的碳化物、松节油、苯及金属粉屑
活性炭	次氯酸钙
氯酸盐	铵盐、酸、金属粉、硫、有机物或可燃物的粉屑
铬酸和三氧化铬	醋酸、樟脑、萘、甘油、松节油、醇及其他易燃液体
氯	氨、乙炔、丁二烯、丁烷和其他石油气、氢、钠的碳化物、松节油、苯及金属粉屑
二氧化氮	氨、甲烷、磷化氢、硫化氢
铜	乙炔、过氧化氢
氟	氧、乙炔、丁二烯、丁烷和其他石油气、氢、钠的碳化物、松节油、苯及金属粉屑
肼（联氨）	过氧化氢、硝酸、其他氧化剂
烃（苯、丁烷、丙烷、汽油、松节油等）	氟、氯、溴、铬酸、过氧化物
氢氰酸	硝酸、碱金
氢氟酸及氟化氢	氨或氨的水溶液
过氧化氢	铜、铬、铁、大多数金属或它们的盐、任何易燃液体、可燃物、苯胺、硝基甲烷
硫化氢	发烟硝酸、氧化性气体
碘	乙炔、氨（无水的或水溶液）
汞	乙炔、雷酸、氨
浓硝酸	醋酸、丙酮、醇、苯胺、铬酸、氢氰酸、硫化氢、易燃液体、易燃气体和消化物质，纸、硬纸板、破布
硝基烷烃	无水碱、胺
草酸	银、汞
氧	油、脂、氢，易燃液体、固体或气体
过氯酸	醋酐、铋和其合金、醇、纸、木、油、脂
有机过氧化物	酸（有机或无机），避免摩擦冷藏
黄磷	空气、氧
氯酸钾	酸（同氯酸盐）
过氯酸钾	酸（同过氯酸）
高锰酸钾	甘油、乙二醇、苯甲醛、硫酸
银	乙炔、草酸、酒石酸、雷酸、铵化物
钠	（同碱金属）
硝酸钠	硝酸铵及其他铵盐
过氧化钠	任何可氧化的物质，如乙醇、甲醇、冰醋酸、醋酐、乙二醇、醋酸乙酯、醋酸甲酯及糠醛
硫酸	氯酸盐、过氯酸盐、高锰酸盐

表 3—6　　混合时产生有毒物的不相容配伍

物质 A	物质 B	产生的有毒物	物质 A	物质 B	产生的有毒物
含砷化合物	还原剂	砷化三氢	烟硝酸盐	酸	二氧化氮
叠氮化物	酸	叠氮化氢	磷	苛性碱或还原剂	磷化氢
氰化物	酸	氰化氢	硒化物	还原剂	硒化氢
硝酸盐	硫酸	二氧化氮	硫化物	酸	硫化氢
次氯酸盐	酸	氯或次氯酸	碲化物	还原剂	碲化氢
硝酸	铜、黄铜、重金属	二氧化氮			

3）根据典型的单元过程（单元操作）进行危险、有害因素的识别。

在危险化学品生产过程中，比较危险的化工单元过程主要有：燃烧、氧化还原、加氢、硝化、卤化、电解、聚合、缩合、催化、裂化、氯化、磺化、酯化、中和、闭环、酰化、重氮化、烷基化、胺化、芳化、酸化、盐析、脱溶、水解、偶合等。

这些单元过程的危险、有害因素已经归纳总结在许多手册、规范、规程和规定中，通过查阅均能得到，本书第五章第二节中也载录总结了一些。这类方法可以使危险、有害因素的识别比较系统，避免遗漏。

单元操作过程中的危险性是由所处理物料的危险性决定的。在进行危险单元操作过程中要注意的情况有：

①当处理易燃气体物料时要防止爆炸性混合物的形成。防止易燃气体与空气或其他氧化剂形成爆炸性混合体系。特别是负压状态下的操作，要防止混入空气而形成爆炸性混合物。同时也要注意在正压状态下操作易燃气体物料的泄漏，与环境空气混合，形成系统外爆炸性混合体系。

②当处理易燃固体或可燃固体物料时，要防止形成爆炸性粉尘混合物。

③当处理含有不稳定物质的物料时，要防止不稳定物质的积聚或浓缩。

下列单元操作有使不稳定物质积聚或浓缩的可能：蒸馏、过滤、蒸发、分筛、萃取、结晶、再循环、旋转、回流、凝结、搅拌、升温等。举例如下：

①不稳定物质减压蒸馏时，若温度超过某一极限值，有可能发生分解爆炸。

②粉末筛分时容易产生静电，而干燥的不稳定物质筛分时，会有细微粉尘飞扬，可能在某些部位积聚而易发生危险事故。

③反应物料循环使用时，可能造成不稳定物质的积聚而使危险性增大。

④反应液静置过程中，以不稳定物质为主的相，可能分离在上层或下层。不分层时，所含不稳定的物质也有可能在某些部位相对集中。在搅拌含有有机过氧化物等不稳定物质的反应混合物时，如果搅拌停止而处于静置状态，那么所含不稳定物质的溶液就附在壁上，若溶液蒸发，不稳定物质就被浓缩，往往会成为自燃的火源。

⑤在大型设备中进行反应，如果含有回流操作时，危险物品有可能在回流操作中被浓缩。

⑥在不稳定物质的合成过程中，搅拌是重要因素。在采用间歇式的反应操作中，化学反应速度很快，在大多数情况下，加料速度与设备的冷却能力是相适应的。这时反应是一种扩

散控制，应使加入的原料立刻反应掉。如果搅拌能力差，反应速度慢，加进的原料过剩，造成未反应的部分积蓄在反应系统中，若再强力搅拌，所积存的物料一起反应，使体系的温度急剧上升而造成反应无法控制，最终导致事故的发生。一般的原则是搅拌停止的时候应停止加料。

⑦若使含不稳定物质的物料升温，有可能引起突发性放热爆炸。如果在低温下将两种能发生放热反应的液体混合，然后再升温引发反应是很危险的。在生产过程中，一般将一种液体保持在能起反应的温度下，边搅拌边加入另一种物料，边反应。

四、设备或装置的危险、有害因素识别

1. 化工设备、装置的危险、有害因素识别

化工设备、装置的危险、有害因素一般从以下几个方面识别：

（1）设备本身是否能满足工艺的要求。这包括标准设备是否由具有生产资质的专业工厂生产、制造；特种设备的设计、生产、安装、使用是否具有相应的资质或许可证。

（2）是否具备相应的安全附件或安全防护装置，如安全阀、压力表、温度计、液压计、阻火器、防爆阀等。

（3）是否具备指示性安全技术措施，如超限报警、故障报警、状态异常报警等。

（4）是否具备紧急停车的装置。

（5）是否具备检修时不能自动投入，不能自动反向运转的安全装置。

另外，应重点分析化工设备是否有足够的强度、是否密封安全可靠、安全保护装置是否配套、适用性强否。

2. 电气设备的危险、有害因素识别

电气设备的危险、有害因素识别，应紧密结合工艺的要求和生产环境的状况来进行，一般可从以下几方面进行识别：

（1）电气设备的工作环境是否属于爆炸和火灾危险环境，是否属于粉尘、潮湿或腐蚀环境。在这些环境中工作时，对电气设备的相应要求是否满足。

（2）电气设备是否具有国家指定机构的安全认证标志，特别是防爆电器的防爆等级。

（3）电气设备是否为国家颁布的淘汰产品。

（4）用电负荷等级对电力装置的要求。

（5）电气火花引燃源。

（6）触电保护、漏电保护、短路保护、过载保护、绝缘、电气隔离、屏护、电气安全距离等是否可靠。

（7）是否根据作业环境和条件选择安全电压，安全电压值和设施是否符合规定。

（8）防静电、防雷击等电气连接措施是否可靠。

（9）管理制度方面的完善程度。

（10）事故状态下的照明、消防、疏散用电及应急措施用电的可靠性。

（11）自动控制系统的可靠性，如不间断电源、冗余装置等。

3. 特种机械的危险、有害因素识别

（1）起重机械

有关机械设备的基本安全原理对于起重机械都适用。这些基本原理有：设备本身的制造质量应该良好，材料坚固，具有足够的强度而且没有明显的缺陷。所有的设备都必须经过测试，而且进行例行检查，以保证其完整性。应使用正确设备。

对于起重机械，主要识别以下危险、有害因素。

1）翻倒：由于基础不牢、超机械工作能力范围运行和运行时碰到障碍物等原因造成。

2）超载：超过工作载荷、超过运行半径等。

3）碰撞：与建筑物、电缆线或其他起重机相撞。

4）基础损坏：设备置放在坑或下水道的上方，支撑架未能伸展，未能支撑于牢固的地面。

5）操作失误：由于视界限制、技能培训不足等造成。

6）负载失落：负载从吊轨或吊索上脱落。

（2）厂内机动车辆

厂内机动车辆应该制造良好、没有缺陷，载质量、容量及类型应与用途相适应。车辆所使用的动力的类型应当是经过检查的。因为作业区域的性质决定了应当使用某一特定类型的车辆。在不通风的封闭空间内不宜使用内燃发动机的动力车辆，因为要排出有害气体。车辆应加强维护，以免重要部件（如制动、方向盘及提升部件等）发生故障。任何损坏均需报告并及时修复。操作员的头顶上方应有安全防护措施。应按制造者的要求来使用厂内机动车辆及其附属设备。

对于厂内机动车辆主要识别以下危险、有害因素。

1）翻倒：提升重物动作太快，超速驾驶，突然刹车，碰撞障碍物，在已有重物时使用前铲，在车辆前部有重载时下斜坡，横穿斜坡或在斜坡上转弯、卸载，在不适的路面或支撑条件下运行等，都有可能发生翻车。

2）超载：超过车辆的最大载荷。

3）碰撞：与建筑物、管道、堆积物及其他车辆之间的碰撞。

4）楼板缺陷：楼板不牢固或承载能力不够。在使用车辆时，应查明楼板的承重能力（地面层除外）。

5）载物失落：如果设备不合适，会造成载荷从叉车上滑落的现象。

6）爆炸及燃烧：电缆线短路、油管破裂、粉尘堆积或电池充电时产生氢气等情况下，都有可能导致爆炸及燃烧。运载车辆在运送可燃气体时，本身也有可能成为火源。

7）乘员：在没有乘椅及相应设施时，不应载有乘员。

（3）传送设备

最常用的传送设备有胶带输送机、滚轴和齿轮传送装置，对其主要识别以下危险、有害因素。

1）夹钳：肢体被夹入运动的装置中。

2）擦伤：肢体与运动部件接触而被擦伤。

3）卷入伤害：肢体绊卷到机器轮子、带子之中。

4）撞击伤害：不正确的操作或者物料高空坠落造成的伤害。

4. 锅炉及压力容器的危险、有害因素识别

（1）锅炉及压力容器的分类

锅炉及压力容器是广泛用于工业生产、公用事业和人民生活的承压设备，包括锅炉、压力容器、有机载热体炉和压力管道。我国政府将锅炉、压力容器、有机载热体炉和压力管道等定为特种设备，即在安全上有特殊要求的设备。为了确保特种设备的使用安全，国家对其设计、制造、安装和使用等各环节，实行国家劳动安全监察。

1）锅炉及有机载热体炉：都是能量转换设备。其功能是用燃料燃烧（或其他方式）释放的热能加热给水或有机载热体，以获得规定参数和品质的蒸汽、热水或热油等。锅炉的分类方法较多，按用途可分为工业锅炉、电站锅炉、船舶锅炉、机车锅炉等；按出口工作压力的大小可分为低压锅炉、中压锅炉、高压锅炉、超高压锅炉、亚临界压力锅炉和超临界压力锅炉。

2）压力容器：广义上的压力容器就是承受压力的密闭容器，因此广义上的压力容器包括压力锅、各类储罐、压缩机、航天器、核反应罐、锅炉和有机载热体炉等。但为了安全管理上的便利，往往对压力容器的范围加以界定。在《特种设备安全监察条例》（国务院令373号）中规定，最高工作压力大于或等于0.1 MPa，容积大于或等于25 L，且最高工作压力与容积的乘积不小于20 MPa・L的容器为压力容器。因此，狭义的压力容器不仅不包括压力很小、容积很小的容器，也不包括锅炉、有机载热体炉、核工业的一些特殊容器和军事上的一些特殊容器。压力容器的分类方法也很多，按设计压力的大小分为常压容器、低压容器、中压容器、高压容器和超高压容器；根据安全监察的需要分为第一类压力容器、第二类压力容器和第三类压力容器。

3）压力管道：是在生产、生活中使用，用于输送介质，可能引起燃烧、爆炸或中毒等危险性较大的管道。压力管道的分类方法也较多，按设计压力的大小分为真空管道、低压管道、中压管道和高压管道；从安全监察的需要分为工业管道、公用管道和长输管道。

（2）锅炉与压力容器危险、有害因素及其识别

对于锅炉与压力容器，主要从以下几方面对危险、有害因素进行识别：

1）锅炉压力容器内具有一定温度的带压工作介质是否失效。

2）承压元件是否失效。

3）安全保护装置是否失效。

由于安全防护装置失效或（和）承压元件的失效，使锅炉压力容器内的工作介质失控，从而导致事故的发生。

常见的锅炉压力容器失效有泄漏和破裂爆炸。所谓泄漏是指工作介质从承压元件内向外漏出或其他物质由外部进入承压元件内部的现象。如果漏出的物质是易燃、易爆、有毒物质，不仅可以造成热（冷）伤害，还可能引发火灾、爆炸、中毒、腐蚀或环境污染。所谓破裂爆炸是承压元件出现裂缝、开裂或破碎的现象。承压元件最常见的破裂形式有韧性破裂、脆性破裂、疲劳破裂、腐蚀破裂和蠕变破裂等。

五、重大危险源的识别

重大危险源是指长期或临时地生产、加工、搬运、使用或储存危险物质，且危险物质的

数量等于或超过临界量的单元。

按照《危险化学品重大危险源辨识标准》（GB 18218—2009）的规定，危险化学品重大危险源的辨识依据是危险化学品的危险特性及其数量，具体见表3—7和表3—8。

危险化学品临界量的确定方法如下：

在表3—7范围内的危险化学品，其临界量按表3—7确定；

未在表3—7范围内的危险化学品，依据其危险性按表3—8确定临界量；若一种危险化学品具有多种危险性，按其中最低的临界量确定。

表3—7 危险化学品名称及其临界量

序号	类别	危险化学品名称和说明	临界量（t）
1	爆炸品	叠氮化钡	0.5
2		叠氮化铅	0.5
3		雷酸汞	0.5
4		三硝基苯甲醚	5
5		三硝基甲苯	5
6		硝化甘油	1
7		硝化纤维素	10
8		硝酸铵（含可燃物>0.2%）	5
9	易燃气体	丁二烯	5
10		二甲醚	50
11		甲烷、天然气	50
12		氯乙烯	50
13		氢	5
14		液化石油气（含丙烷、丁烷及其混合物）	50
15		一甲胺	5
16		乙炔	1
17		乙烯	50
18	毒性气体	氨	10
19		二氟化氧	1
20		二氧化氮	1
21		二氧化硫	20
22		氟	1
23		光气	0.3
24		环氧乙烷	10
25		甲醛（含量>90%）	5
26		磷化氢	1
27		硫化氢	5
28		氯化氢	20

续表

序号	类别	危险化学品名称和说明	临界量（t）
29	毒性气体	氯	5
30		煤气（CO，CO 和 H_2、CH_4 的混合物等）	20
31		砷化三氢（胂）	12
32		锑化氢	1
33		硒化氢	1
34		溴甲烷	10
35	易燃液体	苯	50
36		苯乙烯	500
37		丙酮	500
38		丙烯腈	50
39		二硫化碳	50
40		环己烷	500
41		环氧丙烷	10
42		甲苯	500
43		甲醇	500
44		汽油	200
45		乙醇	500
46		乙醚	10
47		乙酸乙酯	500
48		正己烷	500
49	易于自燃的物质	黄磷	50
50		烷基铝	1
51		戊硼烷	1
52	遇水放出易燃气体的物质	电石	100
53		钾	1
54		钠	10
55	氧化性物质	发烟硫酸	100
56		过氧化钾	20
57		过氧化钠	20
58		氯酸钾	100
59		氯酸钠	100
60		硝酸（发红烟的）	20
61		硝酸（发红烟的除外，含硝酸＞70%）	100
62		硝酸铵（含可燃物≤0.2%）	300
63		硝酸铵基化肥	1 000

续表

序号	类别	危险化学品名称和说明	临界量（t）
64	有机过氧化物	过氧乙酸（含量≥60%）	10
65		过氧化甲乙酮（含量≥60%）	10
66	毒性物质	丙酮合氰化氢	20
67		丙烯醛	20
68		氟化氢	1
69		环氧氯丙烷（3-氯-1，2-环氧丙烷）	20
70		环氧溴丙烷（表溴醇）	20
71		甲苯二异氰酸酯	100
72		氯化硫	1
73		氰化氢	1
74		三氧化硫	75
75		烯丙胺	20
76		溴	20
77		乙撑亚胺	20
78		异氰酸甲酯	0.75

表 3—8　　未在表 3—7 中列举的危险化学品类别及其临界量

类别	危险性分类及说明	临界量（t）
爆炸品	1.1A 项爆炸品	1
	除 1.1A 项外的其他 1.1 项爆炸品	10
	除 1.1 项外的其他爆炸品	50
气体	易燃气体：危险性属于 2.1 项的气体	10
	氧化性气体：危险性属于 2.2 项非易燃无毒气体且次要危险性为 5 类的气体	200
	剧毒气体：危险性属于 2.3 项且急性毒性为类别 1 的毒性气体	5
	有毒气体：危险性属于 2.3 项的其他毒性气体	50
易燃液体	极易燃液体：沸点≤35℃且闪点＜0℃的液体；或保存温度一直在其沸点以上的易燃液体	10
	高度易燃液体：闪点＜23℃的液体（不包括极易燃液体）；液态退敏爆炸品	1 000
	易燃液体：23℃≤闪点＜61℃的液体	5 000
易燃固体	危险性属于 4.1 项且包装为Ⅰ类的物质	200

续表

类别	危险性分类及说明	临界量（t）
易于自燃的物质	危险性属于 4.2 项且包装为Ⅰ或Ⅱ类的物质	200
遇水放出易燃气体的物质	危险性属于 4.3 项且包装为Ⅰ或Ⅱ的物质	200
氧化性物质	危险性属于 5.1 项且包装为Ⅰ类的物质	50
	危险性属于 5.1 项且包装为Ⅱ或Ⅲ类的物质	200
有机过氧化物	危险性属于 5.2 项的物质	50
毒性物质	危险性属于 6.1 项且急性毒性为类别 1 的物质	50
	危险性属于 6.1 项且急性毒性为类别 2 的物质	500

注：以上危险化学品危险性类别及包装类别依据 GB 12268 确定，急性毒性类别依据 GB 20592 确定。

单元内存在危险化学品的数量等于或超过表 3—7、表 3—8 规定的临界量，即被定为重大危险源。单元内存在的危险化学品的数量根据处理危险化学品种类的多少区分为以下两种情况：

单元内存在的危险化学品为单一品种，则该危险化学品的数量即为单元内危险化学品的总量，若等于或超过相应的临界量，则定为重大危险源。

单元内存在的危险化学品为多品种时，则按下式计算，若满足下式，则定为重大危险源：

$$\frac{q_1}{Q_1}+\frac{q_2}{Q_2}+\cdots+\frac{q_n}{Q_n}\geqslant 1$$

式中 q_1，q_2，…，q_n——每种危险化学品实际存在量，单位为吨，t；

Q_1，Q_2，…，Q_n——与各危险化学品相对应的临界量，单位为吨，t。

根据《危险化学品重大危险源辨识》（GB 18218—2009），判断是否属于重大危险源，是否需要登记建档，实时监控。

实际生产过程中存在的危险、有害因素往往不是单一的，而且常常与危险、有害因素危险相关联。因此，在进行危险、有害因素的识别中，万万不能顾此失彼，遗漏隐患，而应确定不同危险的相关关系、相关程度和危及的范围。要做到这一点，首先必须识别危险物品（能量）覆盖的范围，凡是在此范围内均处于危险之中。为此，对危险能量覆盖的时空范围，应在充分估计各方面因素作用的条件下，绘制出平面或空间关系图和时间区域图。其次，要识别出危险能量的损害特性，有的只对人员造成伤害如窒息缺氧、毒害，有的可能对人员和财物均造成损害，有的对环境和生态条件造成长期的损害，或者是三者均有。

第二节 评价单元划分

划分评价单元是为评价目标和评价方法服务的。为便于评价工作的进行，提高评价工作的准确性，评价单元一般以生产工艺、工艺装置、物料的特点和特征与危险、有害因素的类别、分布有机结合进行划分，还可以按评价的需要将一个评价单元再划分为若干子评价单元或更细致的单元。由于至今尚无通用的“规则”来规范单元的划分方法，因此，不同的评价人员对同一个评价对象所划分的评价单元有所不同。由于评价目标不同，各评价方法均有自身特点，只要达到评价的目的，评价单元划分并不要求绝对一致。

一、以危险、有害因素的类别为主划分评价单元

1. 对工艺方案、总体布置及自然条件、社会环境对系统影响等方面的分析和评价，可将整个系统作为一个评价单元。

2. 将具有共性危险、有害因素的场所和装置划为一个单元。

（1）按危险、有害因素的类别各划分一个单元，再按工艺、物料、作业特点（其潜在的危险、有害因素不同）划分成子单元分别评价。例如，炼油厂可将火灾爆炸作为一个评价单元，按馏分、催化重整、催化裂化、加氢裂化等工艺装置和储罐区划分成子评价单元，再按工艺条件、物料的种类（性质）和数量细分为若干评价单元。又如，将存在起重伤害、车辆伤害、高处坠落等危险因素的码头装卸作业区作为一个评价单元；有毒危险品、散粮、矿砂等装卸作业区的毒物、粉尘危害部分则列入毒物、粉尘有害作业评价单元；燃油装卸作业区作为一个火灾爆炸评价单元，其车辆伤害部分则在通用码头装卸作业区评价单元中评价。

（2）进行安全评价时，可按有害因素（有害作业）的类别划分评价单元。例如，将噪声、辐射、粉尘、毒物、高温、低温、体力劳动强度危害的场所各划分一个评价单元。

二、以装置和物质的特征划分评价单元

下列评价单元划分原则并不是孤立的，是有内在联系的，划分评价单元时应综合考虑各方面因素。

应用火灾爆炸危险指数法、单元危险性快速排序法等评价方法进行火灾爆炸危险性评价时，除按下列原则外，还应依据评价方法的有关具体规定划分评价单元。

1. 按装置工艺功能划分。例如，按原料储存区域、反应区域、产品蒸馏区域、吸收或洗涤区域，中间产品储存区域、产品储存区域、运输装卸区域、催化剂处理区域，副产品处理区域，废液处理区域，通入装置区的主要配管桥区，其他（过滤、干燥、固体处理、气体压缩等）区域。

2. 按布置的相对独立性划分。

（1）以安全距离、防火墙、防火堤、隔离带等与其他装置隔开的区域或装置部分可作为一个评价单元。

（2）储存区域内通常以一个或共同防火堤（防火墙、防火建筑物）内的储罐、储存空间作为一个评价单元。

3. 按工艺条件划分评价单元。按操作温度、压力范围的不同划分为不同的评价单元，按开车、加料、卸料、正常运转、添加剂、检修等不同作业条件划分评价单元。

4. 按储存、处理危险物质的潜在化学能、毒性和危险物质的数量划分评价单元。

（1）一个储存区域内（如危险品库）储存不同危险物质，为了能够正确识别其相对危险性，可作不同单元处理。

（2）为避免夸大评价单元的危险性，评价单元的可燃、易燃、易爆等危险物质应有最低限量。例如，美国道化学公司火灾、爆炸危险指数评价法（第七版）要求，评价单元内可燃、易燃、易爆等危险物质的最低限量为 2 270 kg（5 000 磅）或 2.27 m^3（600 加仑），小规模实验工厂上述物质的最低限量为 454 kg（1 000 磅）或 0.454 m^3（120 加仑）。

5. 根据以往事故资料，将发生事故可能导致停产、波及范围大、造成巨大损失和伤害的关键设备作为一个评价单元，将危险、有害因素大，且资金密度大的区域作为一个评价单元，将危险、有害因素特别大的区域、装置作为一个评价单元，将具有类似危险性潜能的单元合并为一个大评价单元。

三、依据评价方法的有关具体规定划分评价单元

ICI 公司蒙德火灾、爆炸、毒性指标法，需结合物质系数以及操作过程、环境或装置采取措施前后的火灾、爆炸、毒性和整体危险性指数等划分评价单元；故障假设分析方法则按问题（例如按照电气安全、消防、人员安全等问题）分门别类划分评价单元；再如模糊综合评价法需要从不同角度（或不同层面）划分评价单元，再根据每个单元中多个制约因素对事物作综合评价，建立评价集。

四、依据《危险化学品建设项目安全评价细则》划分评价单元

依据《危险化学品建设项目安全评价细则》的规定，可根据建设项目的实际情况和安全评价的需要，将建设项目外部安全条件、总平面布置、主要装置（设施）、公用工程划分为评价单元。

第三节 评价方法的选择

安全评价方法是对系统的危险、有害因素及其危险、有害程度进行分析、评价的方法。由于评价对象的物质特性和生产工艺过程不同，事故的类别及引发事故的原因各不相同，因此采取的评价方法也有所区别。然而由于各种危险因素和事故发生往往又相互关联，所以评价方法又有共同的一面。通常安全评价方法分为两类，即定性评价和定量评价。

定性评价主要是根据经验和判断能力对生产工艺系统的工艺、设备、环境、人员、管理等方面的状况进行定性的评价。其方法主要有安全检查表法、预先危险性分析法、作业条件危险性评价法以及危险可操作性研究等。其特点是简单、便于操作，评价过程及结果直观，目前被广泛采用。定量评价是运用基于大量的实验结果和广泛的事故资料统计分析获得的指标或规律（数学模型），对生产系统的工艺、设备、设施、环境、人员和管理等方面的状况进行定量的计算，其评价结果是一些定量的指标，如事故发生的概率、事故的伤害（或破坏）范围、定量的危险性、事故致因因素的事故关联度或重要度等。目前，国内自主开发的用于定量评价的模型较少，国内安全评价过程中主要采用国外定量评价模型，如美国道化学（DOW）公司的火灾爆炸危险指数评价法、ICI 蒙德法等。这

些模型主要用于评价火灾爆炸危险程度，另外，部分用于预测事故后果的数学模型也能够较好地提供定量评价结果，如池火灾模型、有毒气体扩散模型、蒸气云爆炸模型等。

化工企业安全评价方法可选择国际、国内通行的安全评价方法。对国内首次采用新技术、工艺的建设项目的工艺安全性分析，除选择其他安全评价方法外，应尽可能选择危险和可操作性研究法。

第四章　化工企业危险、有害因素定性、定量评价

第一节　化工企业定性、定量评价常用方法

一、安全检查表法

安全检查表是一种最基础、最简便，并得到广泛应用的系统安全评价方法。安全检查表不仅用于查找系统中各种潜在的事故隐患，还对各检查项目给予细化，用于进行系统安全评价。

安全检查表是由对工艺过程、机械设备和作业情况熟悉并富有安全技术、安全管理经验的人员，依据有关标准、规程、规范和规定，事先对分析对象进行详尽分析和充分讨论，列出有检查项目、各项评价标准、评定系统安全等级标准等内容的表格（清单）。对系统进行评价时，可对照安全检查表逐项检查。

安全检查表一般格式见表4—1。

表4—1　　安全检查表格式

序号	检查项目	标准或依据	检查结果	备注

二、作业条件危险性评价法

作业条件的危险性评价法是对人员在具有潜在危险性环境中作业时的危险性进行评价的半定量评价方法。影响作业条件的因素包括事故发生的可能性（L）、人员暴露于危险环境的频繁程度（E）和一旦发生事故可能造成的后果（C）。用这三个因素分值的乘积表示作业条件的危险性（D），即D=L×E×C。D值越大，作业条件的危险性就越大。

1. 事故发生的可能性（L）

事故发生的可能性（L）定性表述了事故发生概率，其分值规定见表4—2。

表4—2　　事故发生可能性分值（L）

分数值	事故或危险情况发生可能性	分数值	事故或危险情况发生可能性
10	完全会被预料到	0.5	可以设想，很不可能
6	相当可能	0.2	极不可能
3	可能，但不经常	0.1	实际上不可能
1	安全意外，很少可能		

2. 人员暴露于潜在危险环境的频繁程度（E）

人员暴露在危险环境中的时间越长，受到伤害的可能性越大，相应的危险性也越大，其分值规定见表4—3。

表4—3　　暴露于潜在危险环境的频繁程度分值（E）

分数值	暴露于危险环境的频繁程度	分数值	暴露于危险环境的频繁程度
10	连续暴露	2	每月暴露一次
6	每天工作时间内暴露	1	每年几次暴露
3	每周一次或偶然地暴露	0.5	非常罕见地暴露

3. 发生事故可能造成的后果（C）

由于事故造成人员伤害程度的范围很大，因此规定把需要治疗的轻伤对应分值为1，许多人同时死亡对应的分值为100，其他情况评分标准见表4—4，并根据事故后果严重程度应用插分法取值、赋分，其分值规定表4—4。

表4—4　　事故造成的后果分值（C）

分值	可能结果	分值	可能结果
100	大灾难，许多人死亡	7	严重、严重伤害
40	灾难，数人死亡	3	重大、致残
15	非常严重，一人死亡	1	引人注目，需要救护

4. 危险性等级划分标准

根据经验，危险性等级划分标准见表4—5。

表4—5　　危险性等级划分标准

危险性分值	事故造成的后果	危险性分值	事故造成的后果
≥320	极度危险，不能继续作业	≥20 ～70	比较危险，需要注意
≥160～320	高度危险，需要立即整改	<20	稍有危险，可以接受
≥70 ～160	显著危险，需要整改		

三、道化学公司的火灾、爆炸危险指数评价法

美国道化学公司火灾爆炸指数评价法（第七版），以以往的事故统计资料及物质的潜在能量和现行安全措施为依据，定量地对工艺装置及所含物料的实际潜在火灾、爆炸危险进行分析评价。评价流程如图4—1所示。

四、事故树分析法

事故树分析（缩写为FTA）又称故障树分析，是从结果到原因找出与灾害事故有关的各种因素之间的因果关系和逻辑关系的作图分析法。这种方法是把系统可能发生的事故放在图的最上面，称为顶上事件，按系统构成要素之间的关系，分析与灾害事故有关的原因。这些原因，可能是其他一些原因的结果，称为中间原因事件（或中间事件），应继续往下分析，

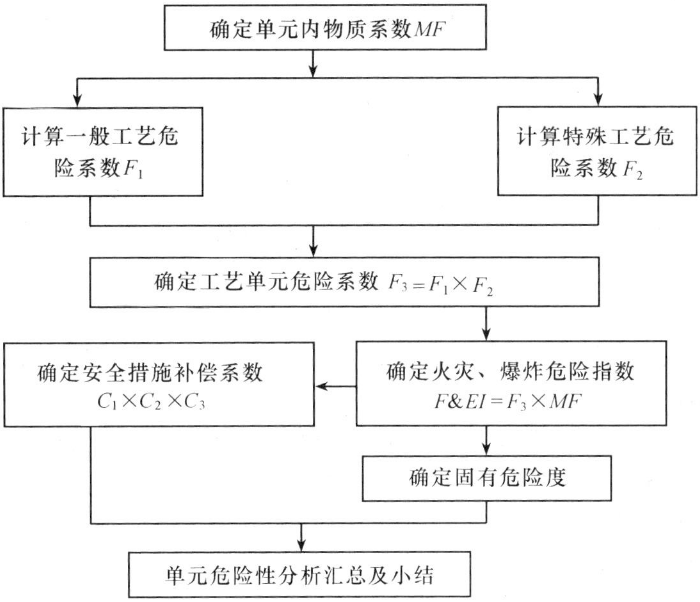

图 4—1　道化学公司评价法的危险度评价流程

直到找出不能进一步往下分析的原因为止。这些原因称为基本原因事件（或基本事件）。图中各因果关系用不同的逻辑门连接起来。事故树分析法是安全系统工程中重要的分析方法之一。它具有以下 4 个优点：

1. 由于事故树分析法是采用演绎方法分析事故的因果关系，因而能详细找出系统各种固有的潜在危险因素，为安全设计、制定安全技术措施和安全管理要点提供了依据。

2. 能简洁、形象地表示出事故和各种原因之间的因果关系及逻辑关系。

3. 在事故树分析中，顶上事件可以是已经发生的事故，也可以是预想的事故。通过分析，找出原因，采取对策加以控制，从而起到预测预防事故的作用。

4. 事故树分析法既可用于定性分析，也可用于定量分析。通过定性分析，确定各种危险因素对事故影响的大小，从而掌握和制定防灾控制要点；而定量分析则能计算出顶上事件（事故）发生的概率，并可从数量上说明危险因素的重要度，为实现系统最佳安全目标提供依据。

五、池火灾评价法

池火灾是可燃液体作为燃料的火灾，主要是易燃液体储罐泄漏形成液池，遇火发生池火。发生池火灾时，其热辐射通量对周边设施及人员造成伤害。伤害程度与燃烧物料的储存量、燃烧时间、距液池的距离等多种因素有关。池火灾事故后果评价模型是泄漏、火灾、爆炸、中毒评价模型中的一种，可对易燃液体储罐发生池火灾进行后果模拟，可计算发生火灾爆炸造成人员伤亡的范围。

六、蒸气云爆炸定量模拟

当大量易燃气体因失控从设备喷出到敞开空间以后，如果没有立即点火，而是先在空中扩散与空气形成爆炸混合物，云团在扩散过程中遇点火源，发生延迟点火，就会导致蒸气云爆炸。

蒸气云爆炸的后果表现为爆炸火球的热辐射、爆炸冲击波对周围人员、建筑物、储罐等设备的伤害、破坏作用。爆轰的传播速度为100～10 000 m/s。对于大多数可燃气体与空气混合的蒸气云而言，直接爆轰需要一定的能量，因此蒸气云不大容易发生直接爆轰。一般蒸气云爆炸是爆燃过程，极少是爆轰过程。一般用蒸气云爆炸的爆炸模型来预测蒸气云爆炸的爆炸波效应。

事故后果模拟分析是在详细了解系统的基础上，设想重大事故危险源导致事故及其后果的情况，然后选择恰当的数学模型计算事故后果的有关参数，与允许的相应参数值相比较，最后讨论得出分析的结论。了解系统，设想事故及后果，计算有关参数，与允许值比较，在事故后果模拟分析的过程中，几个基本步骤之间是相互影响、协调进行的。现有的后果分析数学模型都是在一系列假设前提下按理想的情况建立的模型，虽然有些已经过小型实验验证，但也可能与实际情况有很大出入。

第二节　危险有害程度分析

一、固有危险程度的分析

1. 定量分析建设项目中具有爆炸性、可燃性、毒性、腐蚀性的化学品数量、体积分数（含量）、状态和所在的作业场所（部位）及其状况（温度、压力）。

将项目具有毒性、腐蚀性的化学品数量、体积分数、状态及所在场所（部位）及其状况（温度、压力）情况列表表示（见表4—6）。

表4—6　具有易燃、有毒、腐蚀性危险化学品分布及状况表

序号	物质	数量（t）	体积分数（v/v）	状态	温度（℃）	压力（MPa）	所在部位	备注

2. 定性分析建设项目总的危险程度和各个作业场所的固有危险程度。

可采用预先危险性评价法、作业条件危险性评价法等对项目各作业场所进行分析，其固有危险程度可列表表示（见表4—7），用作业条件危险性评价法评价各场所的固有危险性列表（见表4—7）。

表4—7　作业条件危险性评价结果表

序号	危险场所	主要事故	L分值	E分值	C分值	D分值	危险等级

3. 通过下列计算，定量分析建设项目安全评价范围内和各个评价单元的固有危险程度：

(1) 具有爆炸性的化学品的质量及相当于梯恩梯（TNT）的摩尔量

TNT当量采用下列公式计算：

$$W_{TNT}=AW_fQ_f/Q_{TNT}$$

其物质的量$=W_{TNT}/M$（TNT 相对分子质量 227）

式中　A——蒸气云的 TNT 当量系数，取值范围为 0.02%～14.9%，取 4%；

W_{TNT}——蒸气云的 TNT 当量，kg；

W_f——蒸气云中燃料的总质量，kg；

Q_f——燃料的燃烧值，kJ/kg；

Q_{TNT}——TNT 的爆热，（4.12～4.69）×103 kJ/kg（取 4 520 kJ/kg）。

具有爆炸性化学品的质量及其相当于梯恩梯（TNT）物质的量计算结果可列表表示（见表 4—8）。

表 4—8　　具有爆炸性化学品质量及相当于梯恩梯（TNT）的当量

序号	物质	数量（t）	燃烧热（kJ/kg）	TNT 当量质量（kg）W_{TNT}	所在部位

（2）具有可燃性的化学品的质量及燃烧后放出的热量

具有可燃性的化学品燃烧放出热量计算方法如下：

燃烧放出热量（kJ）=可燃性化学品的质量（kg）×燃烧热（kJ/kg）

具有可燃性的化学品的质量及燃烧后放出的热量计算结果可列表表示（见表 4—9）。

表 4—9　　具有可燃性化学品质量及燃烧后放出的热量

序号	物质	质量（t）	燃烧热（kJ/kg）	燃烧放出热量（J）	所在部位

（3）具有毒性的化学品的体积分数及质量

具有毒性化学品的体积分数及质量可列表表示（见表 4—10）。

表 4—10　　具有毒性危险化学品的体积分数及质量表

序号	物质名称	体积分数（wt%）	质量（t）	主要分布区域

（4）具有腐蚀性的化学品的体积分数及质量

具有腐蚀性的化学品的体积分数及质量用表 4—11 表示。

表 4—11　　具有腐蚀性危险化学品的体积分数及质量表

序号	物质名称	体积分数（wt%）	质量（t）	主要分布区域

二、风险程度的分析

根据已辨识的危险、有害因素，运用合适的安全评价方法，定性、定量分析和预测各个安全评价单元以下 4 方面内容：

1. 建设项目出现具有爆炸性、可燃性、毒性、腐蚀性的化学品泄漏的可能性。

化工生产过程中，出现储罐、设备破坏、管道破裂、阀门腐蚀、垫片及设备损坏等情况导致罐内液体溢出，装卸物料情况下发生泄漏的可能性大小。

2. 出现具有爆炸性、可燃性的化学品泄漏后具备造成爆炸、火灾事故的条件和需要的时间。

泄漏的易燃气体、易燃液体挥发与空气形成爆炸性混合物的可能性及时间。爆炸性混合物遇明火、静电火花等火源发生爆炸事故的可能性。

3. 出现具有毒性的化学品泄漏后扩散速率及达到人的接触最高限值的时间。

有毒物质泄漏后，扩散在空气中，若已知某种有毒气体的危险浓度，则可求出其危险浓度下的有毒空气体积，假设有毒气体的体积为 Vg、令人致死的危险浓度为 C，则有毒气体产生令人致死的有毒空气体积为：

$$V=Vg\times100/C$$

假设这些有毒空气以半球形向地面扩散，则可求出有毒气体扩散半径为：

$$R=\sqrt[3]{\frac{Vg/C}{\frac{1}{2}\times\frac{4}{3}\pi}}=\sqrt[3]{\frac{Vg/C}{2.0944}}$$

如二氧化硫泄漏后，在空气中的体积分数与接触最高限值的时间为：二氧化硫在空气中的体积分数达到 0.05%，人吸入 5～10 min 即致死。

则可以产生令人致死的二氧化硫空气体积为：$V=Vg\times100/0.05$，代入上式即可计算出二氧化硫泄漏 5 min，吸入二氧化硫 5～10 min 可致死的半径 R。

4. 出现爆炸、火灾、中毒事故造成人员伤亡的范围。

为了尽量准确地预测爆炸事故的严重度，可采用 TNT 当量法和超压—冲量准则对易燃液体储罐、反应容器等泄漏后发生火灾、爆炸事故产生的爆炸冲击波伤害进行计算，划分其伤害区域。

（1）方法简介

1）死亡半径 R_S：

$$R_S=13.6\ [E/(Q_{TNT}\times1\ 000)]^{0.37}$$

式中 R_S——死亡区半径，m；

E——爆源总能量，J；

Q_{TNT}——TNT 当量（4.52×10^6 J/kg）。

对无约束蒸气云：

$$E=aW_fQ_f$$

式中 a——蒸气云的 TNT 当量系数（0.02%～15.9%，取中值 4%）；

W_f——蒸气云中燃料的总质量，kg；

Q_f——燃料的燃烧热，J/kg。

2）重伤半径 R_Z，根据冲击波超压准则可用下述联立方程求得：

$$\begin{cases}\Delta Ps\ (atm)=0.137Z^{-3}+0.119Z^{-2}+0.269Z^{-1}-0.019\ [0.1<\Delta Ps\ (atm)<10]\\ Z=R/(E/P_o)^{1/3}\\ \Delta Ps=44\ 000/P_o\end{cases}$$

式中　ΔPs——冲击波超压，44 000 Pa 为重伤时的冲击波超压峰值；

P_o——环境压力，Pa，取值 101 325 Pa；

R——目标至爆源的水平距离，m。

代入冲击波超压峰值 44 000 Pa 可得到重伤半径：$R_Z=1.081(E/101\ 325)^{1/3}$

3）轻伤半径为 R_Q 所需公式同重伤半径，只需将轻伤半径的冲击波峰值 17 000 Pa 替换重伤半径时 44 000 Pa 即可。

轻伤半径 $R_Q=1.956\ (E/101\ 325)^{1/3}$

4）建筑物破坏半径 R_J 计算公式如下：

$$R_J=K_iW_{TNT}{}^{1/3}/\ \{1+(3\ 175/W_{TNT})^2\}^{1/6}$$

式中　K_i——建筑物不同破坏等级对应的常数，建筑物全部破坏等级为 1 级，对应常数 K_i 查表为 3.8，可得 R_J。

TNT 当量采用下列公式计算：

$$W_{TNT}=AW_fQ_f/Q_{TNT}$$

其物质的量$=W_{TNT}/M$（TNT 相对分子质量为 227）

式中　A——蒸气云的 TNT 当量系数，取值范围为 0.02%～14.9%，取 4%。

W_{TNT}——蒸气云的 TNT 当量，kg；

W_f——蒸气云中燃料的总质量，kg；

Q_f——燃料的燃烧值，kJ/kg；

Q_{TNT}——TNT 的爆热，$(4.12\sim4.69)\times10^3$ kJ/kg（取 4 520 kJ/kg）。

5）财产损失半径 R_C：在精度要求不太高的爆炸型事故危险评价中可用建筑物 2 级破坏等级（$K_i=5.6$）作为财产损失半径，将 $K_i=5.6$ 代入上式求得 R_C。

（2）计算结果列表

将泄漏爆炸危害半径计算结果汇总列表表示（见表 4—12）。

表 4—12　　　　泄漏爆炸危害范围汇总表

物质及其最大储存量（kg）	
爆源总能量 E（J）	
死亡半径 R_S（m）	
重伤半径 R_Z（m）	
轻伤半径 R_Q（m）	
建筑物破坏半径 R_J（m）	
财产损失半径 R_C（m）	

第三节　危险、有害因素定性、定量评价

一、化工企业中毒事故模拟评价

以硫黄制酸项目的焚硫炉二氧化硫泄漏事故为例计算二氧化硫泄漏中毒后果。

从有关文献获知，二氧化硫的中毒致死体积分数如下：

二氧化硫在空气中的体积分数达到 0.05%时，人吸入 5～10 min 即致死。

二氧化硫在空气中的体积分数达到 0.053%～0.065%时，人吸入 0.5～1 h 即致死。

二氧化硫在空气中的体积分数达到 0.015%～0.019%时，人吸入 0.5～1 h 即致重病。

若已知焚硫炉可泄漏二氧化硫体积 Vg（m^3）为：$Vg=118.13\ m^3$。

1. 由于二氧化硫吸入 5～10 min 致死体积分数（%）为 0.05，可以产生令人致死的有毒气体空气体积为：$V=Vg\times100/0.05=118.13\times100/0.05=326\ 260\ m^3$。

假设这些有毒空气以半球形向地面扩散，由有毒气体扩散半径为：

$$R_1=\sqrt[3]{\frac{V_1}{\frac{1}{2}\times\frac{4}{3}\pi}}=\sqrt[3]{\frac{236\ 260}{2.094\ 4}}=48.3\ m$$

即：焚硫炉泄漏 5 min，吸入二氧化硫 5～10 min 可致死的半径为 48.3 m。

2. 由于二氧化硫吸入 0.5～1 h 致死体积分数（%）为 0.053～0.065，可以产生令人致死的有毒空气体积为：

$$V_1=Vg\times100/0.053=118.13\times100/0.053=222\ 887\ m^3$$

$$V_2=Vg\times100/0.065=118.13\times100/0.065=181\ 738\ m^3$$

由其有毒气体致死体积分数扩散半径为：

$$R_1=\sqrt[3]{\frac{V_1}{\frac{1}{2}\times\frac{4}{3}\pi}}=\sqrt[3]{\frac{222\ 887}{2.094\ 4}}=47.4\ m$$

$$R_2=\sqrt[3]{\frac{V_2}{\frac{1}{2}\times\frac{4}{3}\pi}}=\sqrt[3]{\frac{181\ 738}{2.094\ 4}}=44.3\ m$$

即焚硫炉泄漏 5 min，吸入二氧化硫 0.5～1 h 可致死的半径为：44.3～47.4 m。

3. 由于二氧化硫吸入 0.5～1 h 致重病的体积分数（%）为 0.015～0.019，可以产生令人致重病的有毒空气体积为：

$$V_1=Vg\times100/0.015=118.13\times100/0.015=787\ 533\ m^3$$

$$V_2=Vg\times100/0.019=118.13\times100/0.019=621\ 736\ m^3$$

则有毒气体致重病的体积分数扩散半径为：

$$R_1=\sqrt[3]{\frac{V_1}{\frac{1}{2}\times\frac{4}{3}\pi}}=\sqrt[3]{\frac{787\ 533}{2.094\ 4}}=72.2\ m$$

$$R_2=\sqrt[3]{\frac{V_1}{\frac{1}{2}\times\frac{4}{3}\pi}}=\sqrt[3]{\frac{621\ 736}{2.094\ 4}}=66.7\ \text{m}$$

即：窑气泄漏 5 min，吸入二氧化硫 0.5～1 h 可致重病的半径为：66.7～72.2 m。

4. 事故后果模拟分析结果

分析结果汇总见表 4—13。

表 4—13　　分析结果汇总表

条件	二氧化硫泄漏量 (m^3)	吸入 5～10 min 致死体积分数 0.05% (m)	吸入 0.5～1 h 致死体积分数 0.053%～0.065% (m)	0.5～1 h 致重病的体积分数 0.015%～0.019% (m)
窑气泄漏 5 min	118.13	48.3	44.3～47.4	66.7～72.2

二、化工企业火灾、爆炸危险度评价

以某加油站汽油储罐为例，采用道化学公司火灾、爆炸危险指数评价法，选取总汽油储量（52.5 t）计算出其在火灾、爆炸事故状态下的影响半径和财产损失。

道化学公司火灾、爆炸危险指数法定量分析评价计算如下：

1. 确定物质系数 MF

经物质系数和特性表查得：汽油的物质系数 $MF=16$。

2. 工艺单元危险系数 F_3

$$F_3=F_1\text{（一般工艺危险性系数）}\times F_2\text{（特殊工艺危险系数）}$$

（1）一般工艺危险性系数 F_1 的确定：

基本系数取 1.00。

A）放热化学反应

该单元无化学反应，危险系数取 0.00。

B）吸热反应

该单元无化学反应，危险系数取 0.00。

C）物料处理与输送

汽油属 $NF=3$ 的易燃液体，危险系数取 0.85。

D）封闭单元或室内单元

该单元为敞开式，危险系数取 0.00。

E）通道

该单元装置四周有符合要求的通道，危险系数取 0.0。

F）排放和泄漏控制

该单元为地埋罐，危险系数取 0.0。

综上所述，该单元一般工艺危险系数

$$F_1=1.0+0.85=1.85$$

（2）特殊工艺危险性系数 F_2 的确定：

基本系数取 1.0

A）毒性物质。

汽油为低度危害，危险系数取 0.2。

B）负压

本单元不是负压操作，危险系数取 0.0。

C）燃烧范围或其附近的操作。

1）罐装易燃液体

汽油为 $NF=3$ 的易燃液体，危险系数取 0.5。

2）仪表或装置失灵

在吹扫过程中，可能混入空气，使操作处于燃烧范围内，危险系数取 0.3。

3）吹扫

危险系数取 0.0。

D）粉尘爆炸

该单元无粉尘，危险系数取 0.0。

E）压力

物料用泵输送，储存区为常压，危险系数取 0.0。

F）低温

该单元操作温度为常温，危险系数取 0.0。

G）易燃及不稳定物质的数量

本单元汽油储量为 52.5 吨，总能量为：

$$52.5\times1\,000\times18\,800/0.454=2.17\times10^{9}\ (\text{Btu})$$

经查 1 类易燃液体危险系数表得，危险系数为 0.45。

H）腐蚀

汽油无腐蚀性，埋地露天设置，危险系数取 0.1。

I）泄漏

该单元物料油罐内潜油泵输送，泵和法兰连接处产生正常的一般泄漏，危险系数取 0.3。

J）使用明火设备

该单元无明火设备，危险系数取 0.0。

K）热油交换系统

本单元无热油交换系统，危险系数取 0.0。

L）转动设备

本单元用泵输送物料，危险系数取 0.5。

综上所述，该单元特殊工艺危险系数：

$$F_2=1.0+0.2+0.5+0.3+0.45+0.3+0.1+0.5=3.35$$

$$F_3=1.85\times3.35=6.20$$

3. 火灾、爆炸危险系数 *F&EI*

$$F\&EI=16\times6.20=99$$

本单元一般工艺危险系数及特殊工艺危险系数的取值及火灾、爆炸危险指数值见表 4—14。

表 4—14　　火灾、爆炸危险指数表

储存的物料：汽油		
操作状态：常压操作	确定 MF 的物质：汽油	
操作温度：常温	物质系数：16	
一般工艺危险	危险系数范围	采用危险系数
基本系数	1.00	1.00
A）放热化学反应	0.3～1.25	0.00
B）吸热反应	0.20～0.40	0.00
C）物料处理与输送	0.25～1.05	0.85
D）密闭或室内单元	0.25～0.9	0.00
E）通道	0.20～0.35	0.00
F）排放和泄漏控制	0.25～0.50	0.00
一般工艺危险系数 F_1		1.85
特殊工艺危险系数		
基本系数	1.00	1.00
A）毒性物质	0.20～0.80	0.20
B）负压	0.50	0.00
C）燃烧范围或其附近的操作		
（1）罐装易燃液体	0.50	0.50
（2）过程失常或吹扫故障	0.30	0.30
（3）一直在燃烧范围内	0.80	0.00
D）粉尘爆炸	0.25～2.00	0.00
E）压力		0.00
F）低温	0.20～0.30	0.00
G）易燃及不稳定物质的质量		
（1）工艺中的液体及气体		0.00
（2）储存中的液体及气体		0.45
（3）储存中的可燃固体及工艺中的粉尘		0.00
H）腐蚀	0.10～0.75	0.10
I）泄漏	0.10～1.50	0.30
J）使用明火设备		0.00
K）热油、热交换系统	0.15～1.15	0.00
L）转动设备	0.50	0.50
特殊工艺危险系数 F_2		3.35
工艺单元危险系数 $F_3=F_1\times F_2$		6.2
火灾、爆炸危险指数 $F\&EI=F_3\times MF$		99

4. 安全措施补偿系数 C

（1）工艺控制安全措施补偿系数 C_1

A）应急电源

该单元有应急电源，系数取 0.98。

B）冷却

本单元为地埋设施，系数取 0.97。

C）抑爆

储罐属常压，没有设置抑爆装置，系数取 1.0。

D）紧急停车装置

情况出现异常，能紧急停车，补偿系数取 0.96。

E）计算机控制

本单元无计算机控制工艺操作，系数取 1.0。

F）惰性气体保护

本单元无惰性气体保护，系数取 1.0。

G）操作规程

本单元制定较完善操作规程，系数取 0.92。

H）活性化学物质检查

本单元无活性化学物质检查，系数取 1.0。

I）其他工艺过程危险分析

系数取 0.92。

综合上述：$C_1=0.98\times0.97\times0.96\times0.92\times0.92=0.77$。

（2）物质隔离补偿系数 C_2

A）远距离控制阀

本单元无远距离控制装置，系数取 1.0。

B）备用泄料装置

储罐能安全接收单元内的物料，系数取 0.98。

C）排放系统

本单元排放系统完善，但不能将泄漏物排尽，系数取 0.97。

D）联锁装置

本单元无联锁装置，系数取 1.0。

综合上述：$C_2=0.98\times0.97=0.95$

（3）防爆措施补偿系数 C_3

A）泄漏检测装置

本单元未设置可燃气体检测报警仪，系数取 1.0。

B）钢质结构

储罐为钢质结构地埋，系数取 0.95。

C）消防水供应

本单元有消防水供应，系数取 0.97。

D）特殊系统

本单元无特殊安全措施，系数取 1.0。

E）喷洒系统

本单元未设喷水系统，系数取 1.0。

F）水幕

本单元无水幕灭火系统，系数取 1.0。

G）泡沫装置

本单元未设置远距离手动控制的泡沫灭火装置，系数取 1.0。

H）手提式灭火器/水枪

储存区设有灭火器和消防水枪，系数取 0.95。

I）电缆保护

本单元电缆敷设在地下的电缆沟内，系数取 0.94。

综合上述：$C_3=0.95\times0.97\times0.95\times0.94=0.82$。

（4）安全补偿系数 C

$$C=0.77\times0.95\times0.82=0.60$$

本单元安全措施补偿系数取值见表 4—15。

表 4—15　　安全措施补偿系数 C

项目	安全措施	补偿系数范围	采用补偿系数
工艺控制	A）应急措施	0.98	0.98
	B）冷却	0.97～0.99	0.97
	C）抑爆	0.84～0.98	1.00
	D）紧急停车装置	0.96～0.99	0.96
	E）计算机控制	0.93～0.99	1.00
	F）惰性气体保护	0.94～0.96	1.00
	G）操作指南或操作规程	0.91～0.99	0.92
	H）活性化学物质检查	0.91～0.98	1.00
	I）其他工艺过程危险分析	0.91～0.98	0.92
	工艺控制安全补偿系数 C_1＝上述各项选取的补偿系数之积		0.77
物质隔离	A）遥控阀	0.96～0.98	1.00
	B）卸料/排空装置	0.96～0.98	0.98
	C）排放系统	0.91～0.97	0.97
	D）联锁装置	0.98	1.00
	物质隔离补偿系数 C_2＝上述各项选取的补偿系数之积		0.95

续表

项目	安全措施	补偿系数范围	采用补偿系数
防火措施	A）泄漏检测装置	0.94～0.98	1.00
	B）钢质结构	0.95～0.98	0.95
	C）消防水供应	0.94～0.97	0.97
	D）特殊系统	0.91	1.00
	E）喷洒系统	0.74～0.97	1.00
	F）水幕	0.97～0.98	1.00
	G）泡沫装置	0.92～0.97	1.00
	H）手提式灭火器/水枪	0.93～0.98	0.95
	I）电缆保护	0.94～0.98	0.94
	防火措施安全补偿系数 C_3＝上述各项选取的补偿系数之积		0.82
	单元的安全措施补偿系数 $C=C_1\times C_2\times C_3$		0.60

5. 评价单元危险等级（见表4—16）

表4—16　　火灾、爆炸指数 F&EI 及危险等级表

火灾、爆炸指数 F&EI 值	危险等级
1～60	最轻
61～96	较轻
97～127	中等
128～158	很大
大于159	非常大

以上计算出该单元的火灾、爆炸危险指数 F&EI 为99，从上表可看出其危险等级为中等。

补偿后该单元的火灾、爆炸危险指数 $F\&EI=99\times0.60=59.4$，则从上表可看出其补偿后的危险等级为最轻。

6. 暴露半径和暴露区域面积

（1）暴露半径 R

$$R=0.256\times99=25.34\ \text{m}$$

（2）暴露区域面积 S

$$S=3.14\times25.34^2=2\ 016.9\ \text{m}^3$$

7. 破坏系数的确定

根据单元物质系数 MF 和 F_3 查表得，破坏系数为0.69。

8. 基本最大可能财产损失 MPPD

设该单元实际事故影响区域的财产总价值为 A，则利用式：

$$MPPD = A \times 0.69 \times 0.82 = 0.57A$$

9. 实际最大可能财产损失 *MPPD*

$$实际\ MPPD = 0.57A \times 0.60 = 0.34A$$

10. 评价结果及分析（见表 4—17）

表 4—17 汽油储罐危险分析汇总

序号	内容	结果
1	火灾爆炸危险指数 *F&EI*	99
2	安全措施补偿系数 *C*	0.60
3	实际火灾爆炸危险指数（实际 *F&EI*）	59.4
4	危险等级	中等
5	实际危险等级	最轻
6	暴露半径 *R*	25.34 m
7	暴露面积 *S*	2 016.9 m^2
8	破坏系数 *Y*	0.69
9	基本最大可能财产损失 *MPPD*	0.57A
10	实际最大可能财产损失 *MPPD*	0.34A

结果分析：从上汇总表看出，汽油储量为 52.5 吨的加油站在补偿前的危险等级为中等，经补偿后其危险等级降为最轻；事故影响半径为 25.34 m；补偿前可能最大财产损失占财产总值的 57%；实际最大可能财产损失仅为实际事故影响区域财产总值的 34%。

三、化工企业事故树评价

1. 装置停电事故树分析

装置停电是指在正常的生产中，由于雷击、违章操作等意外事故造成的全所失电。在紧急停电时，化工企业的各种燃烧炉、再热炉、灼烧炉等都可能发生气体泄漏，均有爆炸和中毒的危险。

（1）装置停电事故树的绘制

图 4—2 是针对一般化工厂发生装置停电事故时的事故树结构图。

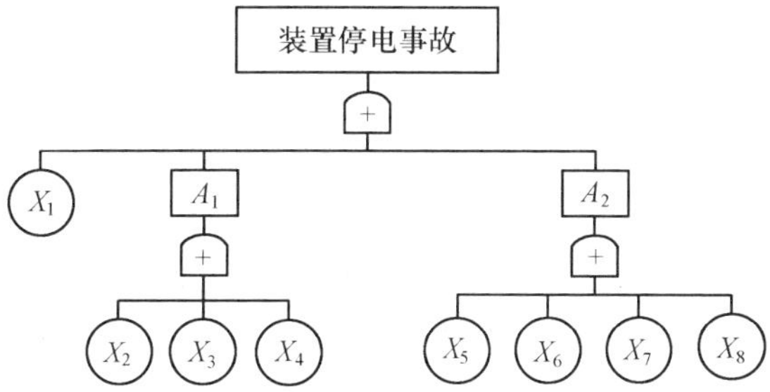

图 4—2 装置停电事故树分析图

注：A_1＝电源故障；A_2＝电路故障；X_1＝雷击停电；X_2＝配电人员操作失误；X_3＝配电站设备故障；X_4＝电压不稳定；X_5＝电线短路；X_6＝电气元件损坏；X_7＝电气火灾；X_8＝用电超负荷引起停电

（2）装置停电事故树的等效树计算

$$T=A_1+A_2+X_1=X_1+X_2+X_3+X_4+X_5+X_6+X_7+X_8$$

（3）结构重要度分析

通过结构重要度的计算可知，基本事件 X_1＝雷击停电，X_2＝配电人员操作失误，X_3＝配电站设备故障，X_4＝电压不稳定，X_5＝电线短路，X_6＝电气元件损坏，X_7＝电气火灾，X_8＝用电超负荷引起停电都直接会引起顶上事件（装置停电事故）的发生，据此，在制定系统装置停电防灾对策时，对这 8 个因素都要重视。

雷击停电，配电人员操作失误，配电站设备故障，电压不稳定，电线短路，电气元件损坏，电气火灾，用电超负荷引起停电都直接会致使系统装置停电事故的发生，因此在制定防止系统装置停电事故安全对策措施时，一定要杜绝这类事件的发生。

2. 有限空间作业中毒、窒息事故树分析

有限空间作业是指在生产区域内进入炉、塔、釜、罐以及管道等封闭或者半封闭设施进行作业。在有限空间作业中由于作业环境的封闭可能发生人员窒息、中毒的危险。

（1）有限空间作业中毒、窒息事故树绘制

图 4—3 是针对一般有限空间作业时发生中毒、窒息事故的事故树结构图。

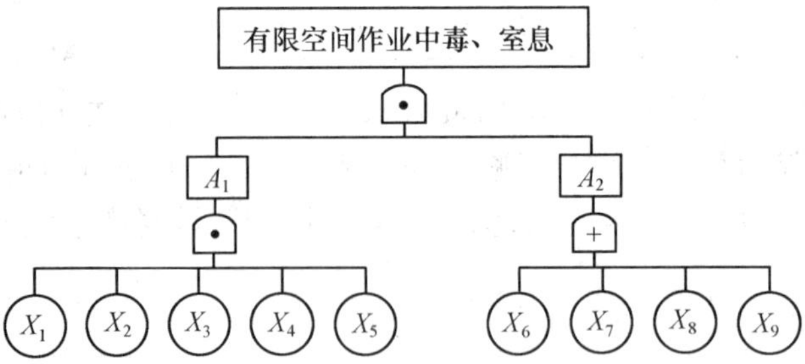

图 4—3　有限空间作业中毒、窒息事故树分析图

注：A_1＝违章作业；A_2＝有限空间气质不合格；X_1＝对有限空间未作气体组成分析；X_2＝无有效通风措施；X_3＝不佩戴个人防护用具；X_4＝无监护人员守护；X_5＝不定时与外界人员保持联系；X_6＝容器清洗不彻底；X_7＝气体置换不彻底；X_8＝有毒气体泄漏；X_9＝没有携带监测报警仪器

（2）有限空间作业中毒、窒息事故树的等效树计算

$$T=A_1A_2=(X_1X_2X_3X_4X_5)(X_6+X_7+X_8+X_9)$$
$$=X_1X_2X_3X_4X_5X_6+X_1X_2X_3X_4X_5X_7+X_1X_2X_3X_4X_5X_8+X_1X_2X_3X_4X_5X_9$$

（3）结构重要度分析

通过结构重要度的计算可知，基本事件 X_1＝对有限空间未作气体组成分析，X_2＝无有效通风措施，X_3＝不佩戴个人防护用具，X_4＝无监护人员守护，X_5＝不定时与外界人员保持联系，直接会引起顶上事件（有限空间作业中毒、窒息事故）的发生。

据此，在进行有限空间作业时，首先要分析气体组成，进行有效通风，同时在作业时佩戴个人防护用具，并且要有监护人员在场，随时与外界人员保持联系。

3. 锅炉缺水事故树分析

导致锅炉缺水主要有设备缺陷（含故障）、管理缺陷及人为失误三方面的原因，并且三者之间是相互影响的。下面就蒸汽锅炉缺水作为顶上事件进行事故树分析。

(1) 锅炉缺水事故树绘制

图 4—4 是针对一般锅炉缺水事故的事故树结构图。

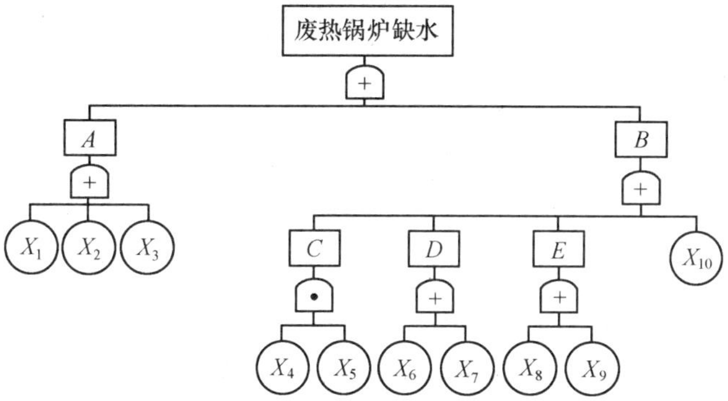

图 4—4　蒸汽锅炉缺水事故树分析图

(2) 锅炉缺水事故树的等效树计算

根据事故树结构分析，运用布尔代数计算结果如下：

$$T（废热锅炉缺水）=A+B=X_1+X_2+X_3+X_4X_5+X_6+X_7+X_8+X_9+X_{10}$$

(3) 结构重要度分析

通过结构重要度的计算可知，如果出现操作人员违章操作；脱岗串岗；未定期检测水位、上水；仪表损坏；仪表信号管堵塞；阀泄漏，关闭不住；忘记关阀门；锅炉水管破裂等 8 事件中任何一个事件，都可能直接引起锅炉缺水事故的发生。

如果操作人员未定期冲洗水位计、有假液位，同时，没有及时辨别出假液位，也会引起锅炉缺水事故的发生。

对此，要加强操作人员的培训工作，熟练掌握操作规程，严格管理，定期检查仪表工程状况、水位报警器的灵敏度、锅炉水管的完好程度、管道阀门畅通情况等就可以防止锅炉缺水事故的发生。

第五章　化工企业安全对策措施

第一节　厂址及厂区平面布置的对策措施

一、厂址选择

选址时，除考虑建设项目的经济性和技术合理性并满足工业布局和城市规划要求外，在安全方面应重点考虑地质、地形、水文、气象等自然条件对企业安全生产的影响和企业与周边区域的相互影响。

1. 自然条件的影响

（1）不得在各类（风景、自然、历史文物古迹、水源等）保护区、有开采价值的矿藏区、各种（滑坡、泥石流、溶洞、流沙等）直接危害地段、高放射本底区、采矿陷落（错动）区、淹没区、地震断层区、地震烈度高于九度地震区、Ⅳ级湿陷性黄土区、Ⅲ级膨胀土区、地方病高发区和化学废弃物层上面建设。

（2）依据地震、台风、洪水、雷击、地形和地质构造等自然条件资料，结合建设项目生产过程和特点，采取易地建设或采取有针对性的、可靠的对策措施，如设置可靠的防洪排涝设施，按地震烈度要求设防，工程地质和水文地质不能完全满足工程建设需要时的补救措施，产生有毒气体的工厂不宜设在盆地窝风处等。

（3）对产生和使用危险危害性大的工业产品、原料、气体、烟雾、粉尘、噪声、振动和电离、非电离辐射的建设项目，还必须依据国家有关专门（专业）法规、标准的要求，提出对策措施。例如生产和使用氰化物的建设项目禁止建在水源的上游附近。

2. 与周边区域的相互影响

除环保、消防行政部门管理的范畴外，主要考虑风向和建设项目与周边区域（特别是周边生活区、旅游风景区、文物保护区、航空港和重要通信、输变电设施以及开放型放射工作单位、核电厂、剧毒化学品生产厂等）在危险、危害性方面相互影响的程度，采取位置调整、按国家规定保持安全距离和卫生防护距离等对策措施。

例如，根据区域内各工厂和装置的火灾、爆炸危险性分类，考虑地形、风向等条件进行合理布置，以减少相互间火灾爆炸的威胁；易燃易爆的生产区沿江河岸边布置时，宜位于邻近江河的城镇、重要桥梁、大型锚地、船厂、港区、水源等重要建筑物或构筑物的下游，并采取防止可燃液体流入江河的有效措施；公路、地区架空电力线路或区域排洪沟严禁穿越厂区，与相邻的工厂或设施的防火间距应符合《建筑设计防火规范》（GB 50016—2006）、《石油化工企业设计防火规范》（GB 50160—2008）等有关标准的规定，危险、危害性大的工厂企业应位于危险、危害性小的工厂企业全年主导风向的下风侧或最小频率风向的上风侧；使用或生产有毒物质、散发有害物质的工厂企业应位于城镇和居住区全年主导风向的下风侧或最小频率风向的上风侧；有可能对河流、地下水造成污染的生产装置及辅助生产设施，应布置在城镇、居住区和水源地的下游及地势较低地段（在山区或丘陵地区应避免布置在窝风地带）；产生高噪声的工厂应远离噪声敏感区（居住、文教、医疗区等），并位于城镇居民集中区的夏季最小风频风向的上风侧，对噪声敏感的工业企业应位于周围主要噪声源的夏季最小风频风向的下风侧；建设项目不得建在开放型放射工作单位的防护检测区和核电厂周围的限制区内；按建设项目的生产规模、产生危险、有害因素的种类和性质、地区平均风速等条件，与居住区的最短距离，应不小于规定的卫生防护距离；与爆炸危险单位（含生产爆破器材的单位）应保持规定的安全距离等。

3. 技术要求

厂址应具有建设必需的场地面积和适于建厂的地形，并应根据工厂发展规划的需要，留有适当的发展余地。

厂址的自然地形应有利于工厂布置、厂内运输、场地排水及减少土石方工程量等要求，且自然地面坡度不宜大于 5%。

厂址应具有满足建设工程需要的工程地质及水文地质条件，在地质灾害易发区应进行地质灾害危险性评估。

厂址不应受洪水、潮水和内涝威胁，其防洪标准应按表 5—1 的规定执行。其他防洪要求应符合国家《防洪标准》（GB 50201）的有关规定。

表 5—1　防洪标准

等级	企业规模	防洪标准［重现期（年）］
Ⅰ	特大型	200～100
Ⅱ	大型	100～50
Ⅲ	中型	50～20
Ⅳ	小型	20～10

注：

（1）企业规模的划分应按国家有关规定执行。

（2）滨海地区的中型及以上的化工企业，按本表确定的设计高潮位低于当地历史最高潮位时，应采用历史最高潮位进行校核。

（3）当企业遭受洪水淹没后，损失巨大、影响严重、恢复生产所需时间较长时，其防洪标准可取表中的上限或提高一级；当企业遭受洪灾后，其损失和影响较小，很快可恢复生产时，其防洪标准可按表中规定的下限确定。

（4）辅助生产设施区如单独进行防护，其防洪标准可适当降低。但自备电站和全厂总变电站等对生产有较大直接影响的设施的防洪标准不得降低。

当企业遭受洪水淹没后，会引起爆炸或导致毒液、毒气、放射性等有害物质大量泄漏、扩散时，其防洪标准应符合下列规定：中、小型化工企业的企业规模应提高两级确定。特大、大型化工企业，应采取专门的防护措施。

当厂址位于山坡或山脚处时，应避开受山洪威胁的地段，应对山坡的稳定性等作出地质灾害危险性评估报告。

4. 其他要求

厂址选择应同时满足交通运输设施、能源和动力设施、防洪设施、环境保护工程及生活等配套建设用地的要求。

厂址宜靠近主要原料和能源供应地、产品主要销售地及协作条件好的地区。

厂址应具有方便和经济的运输条件。临近江、河、湖、海的厂址，通航条件能满足工厂运输要求时，应充分利用水路运输，且厂址宜靠近适于建设码头的地段。

厂址应有充足、可靠的水源和电源，且应满足企业发展需要。

事故状态泄漏或散发有毒、有害、易燃、易爆气体工厂的厂址，应远离城镇、居民区、公共设施、村庄、国家和省级干道、国家和地方铁路干线、河海港区、仓库区、军事设施、机场等人员密集场所和国家重要设施。

事故状态泄漏有毒、有害、易燃、易爆液体工厂的厂址，应远离江、河、湖、海、供水水源防护区。

产生环境噪声超过现行国家标准《工业企业厂界环境噪声排放标准》（GB 12348）规定的工厂，不应在噪声敏感区域内选择厂址；对外部噪声敏感的工厂，应根据其正常生产运行的要求选择厂址。

厂址不应选择在下列地段或地区：

a）地震断层及地震基本烈度高于九度的地震区。

b）工程地质严重不良地段。

c）重要矿床分布地段及采矿陷落（错动）区。

d）国家或地方规定的风景区、自然保护区及历史文物古迹保护区。

e）对飞机起降、电台通信、电视转播、雷达导航和天文、气象、地震观测以及军事设施等有影响的地区。

f）供水水源卫生保护区。

g）易受洪水危害或防洪工程量很大的地区。

h）不能确保安全的水库，在库坝决溃后可能淹没的地区。

i）在爆破危险区范围内。

j）大型尾矿库及废料场（库）的坝下方。

k）有严重放射性物质污染影响区。

l）全年静风频率超过60%的地区。

设置洁净厂房的医药化工企业厂址选择，应符合下列要求：

应在大气含尘、含菌和有害气体浓度较低、自然环境较好的区域。

应远离铁路、码头、飞机场、交通要道以及散发大量粉尘和有害气体的工厂、仓库、堆场等有严重空气污染、振动或噪声干扰的区域。不能远离严重空气污染源时，应设置于全年最小频率风向的下风侧。

二、总平面布置

在满足生产工艺流程、操作要求、使用功能需要和消防、环保要求的同时，主要从风向、安全（防火）距离、交通运输安全和各类作业、物料的危险、危害性出发，在平面布置方面采取对策措施。

1. 符合国家有关用地控制指标的规定

总平面布置应符合国家有关用地控制指标的规定，并应符合下列要求：

工艺装置在生产、操作和环境条件许可时，应露天化、联合集中布置。

生产及辅助生产建筑物，在生产流程、防火、安全及卫生要求许可时，宜合并建造。

宜利用生产装置区的管廊及框架等空间布置有关设施。

仓库设施宜按储存货物的性质及要求，合并设计为大体量仓库或多层仓库。对大宗物料的储存，宜采用机械化装卸设施。

行政办公及生活服务设施，宜根据其性质及使用功能，分别进行平面和空间的组合，并应按多功能综合楼建筑设计。

应合理划分街区和确定通道宽度，街区、装置区和建筑物、构筑物的外形宜规整。

铁路线路、装卸设施及仓储设施，应根据其性质及使用功能，相对集中布置，并应避免或减少铁路进线在厂内形成的扇形地带。

工厂改建或扩建时应结合原有总平面布置以及生产运行管理的特点，相互协调、合理布置。

2. 预留发展用地

总平面的预留发展用地，应符合下列要求：

分期建设的工厂，近远期工程应统一规划。近期工程应集中、紧凑、合理布置，并应与远期工程合理衔接。

远期工程用地应预留在厂外。当在场内或在街区内预留发展用地时，应有可靠依据。

除应满足生产设施发展用地外，尚应满足辅助生产设施、公共工程、交通运输、仓储设施和管线敷设等相应的发展用地。

一次建成的工厂，应根据工厂的生产发展趋势和当地建设条件，在符合化工区总体规划的前提下，总平面布置应有发展的可能。

在预留发展用地红线内，不得修建永久性设施。

3. 功能分区

厂区总平面应按功能分区布置，可分为生产装置区、辅助生产区、公共设施区、仓储区和行政办公及生活服务区。辅助生产和公用工程设施也可布置在生产装置区内。功能分区布置应符合下列要求：

各功能区内部应布置紧凑、合理，并与相邻功能区相协调。

各功能区之间物流输送、动力供应应当便捷合理。

生产装置区宜布置在全年最小频率风向的上风侧，行政办公及生活服务设施区宜布置在全年最小频率风向的下风侧，辅助设施和公用工程设施宜布置在生产装置区和行政办公及生活服务设施区之间。

4. 厂内运输和装卸

厂内运输和装卸包括厂内铁路、道路、输送机通廊和码头等运输和装卸（含危险品的运输、装卸）。应根据工艺流程、货运量、货物性质和消防的需要，选用适当运输和运输衔接方式，合理组织车流、物流、人流（保持运输畅通、物流顺畅且运距最短、经济合理，避免迂回和平面交叉运输，道路与铁路平交和人车混流等）。为保证运输、装卸作业安全，应从设计上对厂内道路（包括人行道）的布局、宽度、坡度、转弯（曲线）半径、净空高度、安全界线及安全视线、建筑物与道路间距和装卸（特别是危险品装卸）场所、堆扬（仓库）布局等方面采取对策措施。

根据满足工艺流程的需要和避免危险、有害因素交叉相互影响的原则，布置厂房内的生产装置、物料存放区和必要的运输、操作、安全、检修通道。

例如，全厂性污水处理场及高架火炬等设施，宜布置在人员集中场所及明火或散发火花地点的全年最小风频风向的上风侧；空气分离装置应布置在空气清洁地段，并位于散发乙炔、其他烃类气体、粉尘等场所的全年最小风频风向的下风侧；液化烃或可燃液体罐组，不应毗邻布置在高于装置、全厂性重要设施或人员集中场所的阶梯上，并且不宜紧靠排洪沟；当厂区采用阶梯式布置时，阶梯间应有防止泄漏液体漫流措施；设置环形通道，保证消防车、急救车顺利通过可能出现事故的地点；易燃、易爆产品的生产区域和仓储区域，根据安全需要，设置限制车辆通行或禁止车辆通行的路段；道路净空高度不得小于 5 m；厂内铁路线路不得穿过易燃、易爆区；主要人流出入口与主要货流出入口分开布置，主要货流出口、入口宜分开布置；码头应设在工厂水源地下游，设置单独危险品作业区并与其他作业区保持一定的防护距离等；汽车装车站、液化烃装车站、危险品仓库等机动车辆频繁出入的设施，应布置在厂区边缘或厂区外，并设独立围墙；采用架空电力线路进出厂区的总变配电所，应布置在厂区边缘等。运输路线的布置，应使物流顺畅、便捷，并应避免或减少折返迂回。人流、货流组织应合理，并应避免运输繁忙的路线与人流交叉和运输繁忙的铁路与道路平面交叉。

厂区通道宽度应根据下列因素经计算确定：

应符合防火、安全、卫生间距的要求。

应符合各种管线、管廊、运输线路及设施、竖向设计、绿化等的布置要求。

应符合施工、安装及检修的要求。

厂区通道的预留宽度应为该通道计算宽度的 10%～20%。

当厂区通道宽度不具备上述 4 个因素计算时，通道的宽度可按表 5—2 设计。

表 5—2　　厂区通道宽度

厂区用地面积（hm^2）	厂区通道宽度（m）	
	主要通道	次要通道
<15	20～30	16～20
16～40	30～40	20～30
41～100	40～45	30～35
101～200	45～50	35～40
>200	50～55	40～45

注：

(1) 表中数值，当厂区用地面积接近上限时，宜采用上限值，接近下限时宜采用下限值；管线较多的工厂宜采用上限值，管线较少时宜采用下限值。当厂区用地面积小于 5 hm^2 时，通道宽度可适当减小。

(2) 大型化工联合企业及化工区内厂际之间的通道，按用地规模取表中相应的数值，并应符合现行国家标准《石油化工企业设计防火规范》(GB 50160) 的有关规定。

(3) 工厂周边通道的宽度按实际需要确定。

5. 危险设施/处理有害物质设施的布置

可能泄漏或散发易燃、易爆、腐蚀、有毒、有害介质（气体、液体、粉尘等）的生产、储存和装卸设施（包括锅炉房、污水处理设施等）、有害废弃物堆场等的布置应遵循以下原则：

（1）应远离管理区、生活区、中央实（化）验室、仪表修理间，尽可能露天、半封闭布置。应布置在人员集中场所、控制室、变配电所和其他主要生产设备的全年或夏季主导风向的下风侧或全年最小风频风向的上风侧并保持安全、卫生防护距离；当评价出的危险、危害半径大于规定的防护距离时，宜采用评价推荐的距离。储存、装卸区宜布置在厂区边缘地带。

（2）有毒、有害物质的有关设施应布置在地势平坦、自然通风良好地段，不得布置在窝风低洼地段。

（3）剧毒物品的有关设施还应布置在远离人员集中场所的单独地段内，宜用围墙与其他设施隔开。

（4）腐蚀性物质的有关设施应按地下水位和流向，布置在其他建筑物、构筑物和设备的下游。

（5）易燃易爆区应与厂内外居住区、人员集中场所、主要人流出入口、铁路、道路干线和产生明火地点保持安全距离；易燃易爆物质仓储、装卸区宜布置在厂区边缘，可能泄漏、散发液化石油气及相对密度大于 0.7（空气＝1）的可燃气体和可燃蒸气的装置不宜毗邻生产控制室、变配电所布置；油、气储罐宜低位布置。

（6）辐射源（装置）应设在僻静的区域，与居住区、人员集中场所，人流密集区和交通主干道、主要人行道保持安全距离。

6. 强噪声源、振动源的布置

（1）主要噪声源应符合《工业企业厂界噪声标准》（GB 12348—1990）、《工业企业噪声控制设计规范》（GB J 87—1885）、《工业企业设计卫生标准》（GB Z 1—2002）等的要求，噪声源应远离厂内外要求安静的区域，宜相对集中、低位布置；高噪声厂房与低噪声厂房应分开布置，其周围宜布置对噪声非敏感设施（如辅助车间、仓库、堆场等）和较高大、朝向有利于隔声的建（构）筑物作为缓冲带；交通干线应与管理区、生活区保持适当距离。

（2）强振动源（包括锻锤、空压机、压缩机、振动落沙机、重型冲压设备等生产装置及发动机实验台和火车、重型汽车道路等）应与管理、生活区和对其敏感的作业区（如实验室、超精加工、精密仪器等）之间，按功能需要和精密仪器、设备的允许振动速度要求保持防振距离。

7. 建筑物自然通风及采光

为满足采光、避免西晒和自然通风的需要，建筑物的采光应符合《工业企业采光设计标准》（GB 50033—1991）和《工业企业设计卫生标准》（GB Z 1—2002）的要求，建筑物（特别是热加工和散发有害介质的建筑物）的朝向应根据当地纬度和夏季主导风向确定（一般夏季主导风向与建筑物长轴线垂直或夹角应大于 45°）。半封闭建筑物的开口方向，面向全年主导风向，其开口方向与主导风向的夹角不宜大于 45°。在丘陵、盆地和山区，则应综合考虑地形、纬度和风向来确定建筑物的朝向。建筑物的间距应满足采光、通风和消防要求。

8. 地形、地质条件

总平面布置应合理利用场地地形，并应符合下列要求：当地形坡度较大时，生产装置及建筑物、构筑物的长边宜顺地形等高线布置。液体物料输送、装卸的重力流和固体物料的高站台、低货位设施，宜利用地形高差合理布置。

总平面布置应结合工程地质及水文地质条件进行设计，并应符合下列要求：大型建筑物、构筑物以及大型设备、储罐，宜布置在工程地质良好的地段。地下构筑物宜布置在地下水位较低的填方地段。有可能渗透腐蚀性介质的生产、储存和装卸设施，宜布置在可能受地下水流向影响的重要设施地段的下游。

总平面布置应根据当地气象条件和地理位置等，使建筑物具有良好的朝向和自然通风。生产有特殊要求和人员较多的建筑物，应避免西晒。在丘陵和山区建厂时，建筑物应根据地形和气候条件确定。

9. 其他要求

街区外形宜为矩形。街区面积应根据生产装置、辅助生产设施、公用工程、仓库设施的组成和用地要求，结合地形等因素综合确定。甲、乙类生产装置内部的设备、建筑物区占地面积不宜大于 1 hm^2；当占地面积为 1～2 hm^2 时，应符合现行国家标准《石油化工企业设计防火规范》（GB 50160）的有关规定。

总平面布置应使建筑群体的平面布置与空间景观相协调，并应与场外环境相适应。

厂区建筑系数不应小于 30%，厂区利用系数不应小于 50%，除特殊工艺要求的企业外，工厂容积率控制指标应符合表 5—3 的规定。

表 5—3　　工厂容积率控制指标

工厂类别	工厂容积率
石油加工、炼焦及核燃料加工	≥0.5
化学原料及化学制品制造	≥0.6
医药制造业	≥0.7
化学纤维制造业	≥0.8
橡胶制品业	≥0.8
塑料制品业	≥1.0

三、竖向设计

竖向设计应符合当地城镇规划中有关竖向规划和化工区总体布置的要求，并应满足厂区总平面布置对竖向设计的要求。当工厂分期建设时，还应符合分期建设的要求。

竖向设计应结合场地地形、工程地质和水文地质条件，合理确定各类设施、运输线路和场地的标高，并应与厂区外部现有和规划的有关设施、运输线路、排水系统及周围的标高相协调。

竖向设计应根据生产工艺、运输、防洪、排水、管线敷设及厂区总平面布置等要求，结合土石方工程、护坡和挡土墙等工程量，以及场地平整后对建筑物、构建物、设备等基础工程的影响，经技术经济比较后择优确定。

竖向设计应符合下列要求：

场地不应有洪水、潮水及内涝淹没的危险。

应满足生产、运输的要求。

场地雨水排出应顺畅，并应满足火灾事故状态下受污染消防水的有效收集和排放。

应因地制宜对自然地形加以充分利用和合理改造，并减少土石方、建筑物及构建物基础、护坡和挡土墙等工程量。

山区或丘陵地区建厂，应防止产生滑坡、塌方，并应注意保护植被，防止水土流失。

应充分利用和保护现有排水系统，必须改造时，应使水流畅通。

改建、扩建工程应与现有场地及建筑物、构建物、铁路、道路等的标高相协调。

分期建设的工程，近远期的竖向设计应相互协调。

应与厂区景观相协调。

竖向布置方式的选择，应根据场地地形和工程地质、水文、地质条件、厂区用地面积、总平面布置特点、生产运输和消防要求及建筑物、构建物密集程度、管线敷设，以及施工方法和条件等选择，可选择平坡式、阶梯式或混合式。

自然地形坡度小于或等于2%时，宜采用平坡式；大于2%时，宜采用阶梯式或混合式。

各类场地设计地面的适宜坡度，应符合表5—4的规定。

表5—4　　各类场地设计地面的适宜坡度

场地类型	地面形式	适宜坡度（%）
室外场地	自然土壤	0.3～1.0
	草坪	0.5～2.0
	简易面层	0.5～0.25
	沥青或水泥混凝土面层	0.3～0.4
物料堆场	自然土壤	0.5～1.0
	简易面层	0.5～1.5
	沥青或水泥混凝土面层	0.5～2.0
	酸类装卸场地及堆场	1.0～1.5
	易燃和可燃液体装卸场地	0.5～2.0
汽车停车场	沥青或水泥混凝土面层	0.5～2.0

第二节　工艺过程安全对策措施

化工工艺过程基本上都是危险化学反应过程，有活性物料参与或产生，能释放大量反应热，又在高温、高压和汽液两相平衡状态下进行。

危险化学反应过程主要有卤化、硝化、磺化、氧化、还原、氢化、水解、电解、催化、裂化、氯化、烷基化、重氮化、胺化、聚合、碱熔等反应过程。

一、氧化反应

得到氧或失去氢的反应称为氧化反应。如氨氧化制硝酸、硫黄氧化制备硫酸、甲醇氧化制备甲醛、乙醇氧化制备醋酸、甲苯氧化制苯甲酸、乙烯氧化制环氧乙烷等。

1. 氧化反应的危险性分析

（1）氧化反应需要加热，但反应过程又是放热反应，特别是催化气相反应，一般都是在250～600℃的高温下进行，这些反应热如不及时移去，将会使温度迅速升高甚至发生爆炸。

（2）有的氧化，如氨、乙烯和甲醇蒸气在空中的氧化，其物料配比接近于爆炸下限，倘若配比失调，温度控制不当，极易爆炸起火。

（3）被氧化的物质大部分是易燃易爆物质。如乙烯氧化制取环氧乙烷中，乙烯是易燃气体，爆炸极限为2.7%～34%，自燃点为450℃。

（4）氧化剂具有很大的火灾危险性。如氯酸钾、高锰酸钾、铬酸酐等都属于氧化剂，如遇高温或受撞击、摩擦以及与有机物、酸类接触，皆能引起着火爆炸；有机过氧化物不仅具有很强的氧化性，而且大部分是易燃物质，有的对温度特别敏感，遇高温则爆炸。

（5）氧化产品有些也具有火灾危险性。如环氧乙烷是可燃气体；硝酸虽是腐蚀性物品，但也是强氧化剂；含36.7%的甲醛水溶液是易燃液体，其蒸气的爆炸极限为7.7%～73%。另外，某些氧化过程中还可能生成危险性较大的过氧化物，如乙醛氧化生产醋酸的过程中有过醋酸生成，过醋酸是有机过氧化物，性质极度不稳定，受高温、摩擦或撞击便会分解或燃烧。

2. 氧化反应的安全措施

（1）氧化过程中如以空气或氧气作氧化剂时，反应物料的配比（可燃气体和空气的混合比例）应严格控制在爆炸范围之外。空气进入反应器之前，应经过气体净化装置，消除空气中的灰尘、水汽、油污以及可使催化剂活性降低或中毒的杂质，以保持催化剂的活性，减少着火和爆炸的危险。

（2）氧化反应接触器有卧式和立式两种，内部填装有催化剂。一般多采用立式，因为这种形式的催化剂装卸方便且安全。在催化氧化过程中，对于放热反应，应控制适宜的温度、流量，防止超温、超压和混合气处于爆炸范围之内。

（3）为了防止接触器在万一发生爆炸或着火时危及人身和设备安全，在反应器前和管道上应安装阻火器，以阻止火焰蔓延，防止回火，使着火不致影响其他系统。为了防止接触器发生爆炸，接触器应有泄压装置，并尽可能采用自动控制或调节以及报警联锁装置。

（4）使用硝酸、高锰酸钾等氧化剂时，要严格控制加料速度，防止多加、错加，固体氧化剂应粉碎后使用，最好呈溶液状态使用，反应中要不间断搅拌，严格控制反应温度，绝不许超过被氧化物质的自燃点。

（5）使用氧化剂氧化无机物时，如使用氯酸钾氧化生成铁蓝颜料，应控制产品烘干温度不超过其着火点，在烘干之前应用清水洗涤产品，将氧化剂彻底除净，以防止未完全反应的氯酸钾引起已烘干的物料起火。有些有机化合物的氧化，特别是在高温下的氧化，在设备及管道内可能产生焦状物，应及时清除，以防自燃。

（6）氧化反应使用的原料及产品，应按有关危险品的管理规定采取相应的防火措施，如隔离存放，远离火源，避免高温和日晒，防止摩擦和撞击等。如是电介质的易燃液体或气体，应安装导除静电的接地装置。

(7) 在设备系统中宜设置氮气、水蒸气灭火装置，以便能及时扑灭火灾。

二、还原反应

含氧物质被夺去氧或得到氢的反应称为还原反应。如硝基苯在盐酸溶液中被铁粉还原成苯胺，邻硝基苯甲醚在碱性溶液中被锌粉还原成邻氨基苯甲醚，使用保险粉、硼氢化钾、氢化锂铝等还原剂进行还原等。有些还原反应会产生氢气或使用氢气，有些还原剂和催化剂有较大的燃烧、爆炸危险。工业中常见的还原反应有硝基苯还原制备苯胺，苯催化加氢制备环己烷，植物油催化加氢制备硬化油，硝基萘用保险粉还原制备萘胺等。

1. 还原反应主要危险性分析

(1) 无论是利用初生态还原，还是用催化剂把氢气活化后还原，都有氢气存在（氢气的爆炸极限为4%～75%），大都在加热、加压条件下进行，如果操作失误或因设备缺陷有氢气泄漏，极易与空气形成爆炸性混合物，如遇着火源即会爆炸。高温高压下，氢气对金属有渗碳作用，易造成腐蚀。

(2) 还原反应中所使用的催化剂雷氏镍吸潮后在空气中有自燃危险，即使没有着火源存在，也能将氢气和空气的混合物引燃形成着火爆炸。

(3) 固体还原剂保险粉、硼氢化钾、氢化铝锂等都是遇湿易燃危险品，其中保险粉遇水发热，在潮湿空气中能分解析出硫，硫蒸气受热具有自燃的危险，且保险粉本身受热到190℃也有分解爆炸的危险；硼氢化钾（钠）在潮湿空气中能自燃，遇水或酸即分解放出大量氢气，同时产生高热，可使氢气着火而引起爆炸事故。

(4) 还原反应的中间体，特别是硝基化合物还原反应的中间体，亦有一定的火灾危险，例如苯胺在生产中如果反应条件控制不好，可生成爆炸危险性很大的环己胺。

2. 还原反应的安全措施

(1) 由于有氢气等易燃易爆气体存在，在操作过程中要严格控制温度、压力和流量；车间内的电气设备必须符合防爆要求，电线及电线接线盒不宜在车间顶部敷设安装；厂房通风要好，应采用轻质屋顶，设置天窗或风帽，以使氢气及时逸出；反应中产生的氢气可用排气管导出车间屋项，并高于屋脊 2 m 以上，经过阻火器向外排放；加压反应的设备应配备安全阀，反应中产生压力的设备要装设爆破片；安装氢气检测和报警装置。

(2) 当用雷氏镍来活化氢气进行还原反应时，必须先用氮气置换反应器内的全部空气，并经过测定证实含氧量降到标准后，才可通入氢气；反应结束后应先用氮气把反应器内的氢气置换干净才可打开孔盖出料，以免外界空气与反应器内的氢气相遇，在雷氏镍自燃的情况下发生着火爆炸。雷氏镍应当储存于酒精中，钯碳回收时应用酒精及清水充分洗涤，过滤抽真空时不得抽得太干，以免氧化着火。

(3) 使用还原剂时应注意相应的安全问题。氢化锂铝是遇湿危险的还原剂，务必妥善保管，防止受潮；保险粉用于溶解使用时，要严格控制温度，可以在开动搅拌的情况下，将保险粉分批加入水中，待溶解后再与有机物接触反应；当使用硼氢化钠（钾）作还原剂时，在工艺过程中调解酸、碱度时要特别注意，防止加酸过快、过多；当使用氢化铝锂作还原剂时要特别注意，必须在氮气保护下使用，平时浸没于煤油中储存。前面所述的还原剂，遇氧化剂会猛烈发生反应，产生大量热量，具有着火爆炸的危险，故不得与氧化剂混存。

（4）在还原反应中，操作时必须严格控制温度、压力、流量等反应条件及反应参数，避免生产爆炸危险性很大的中间体。

（5）开展技术革新，研究采用危险性小、还原效率高的新型还原剂代替火灾危险性大的还原剂。例如采用硫化钠代替铁粉还原，可以避免氢气产生，同时还可消除铁泥堆积的问题。

（6）对可能造成氢腐蚀的场合，设备、管道的选材要符合要求，并应定期检测。

三、氯化反应

氯化是指以氯原子取代有机化合物中氢原子的反应。如由甲烷制甲烷氯化物、苯氯化制氯苯、乙烷氧化生产氯乙烷、萘氯化生产 1-氯萘等。

常用的氯化剂有：液态或气态氯、气态氯化氢和各种浓度的盐酸、磷酸氯（三氯氧化磷）、三氯化磷（用来制造有机酸的酰氯）、硫酰氯（二氯硫酰）、次氯酸酯等。

1. 氯化反应的危险性分析

（1）氯化反应所用的原料大多是有机物，它们易燃易爆，生产过程有燃烧爆炸危险。

（2）氯化剂具有极大的危险性。氯气为强氧化剂，能与可燃气体形成爆炸性气体混合物；能与可燃烃类、醇类、羧酸和氯代烃等形成二元混合物，极易发生爆炸。氯气与烯烃形成的混合物，在受热时可自燃；与二硫化碳混合，会出现自行突然加速过程而增加爆炸危险；与乙炔的反应极为剧烈，在氧气存在时，甚至在零下 78℃的低温也可发生爆炸。三氯化磷、三氯氧磷等遇水会发生快速分解，导致冲料或爆炸。漂白粉、光气等均具有较大的火灾危险性。有些氯化剂还具有较强的腐蚀性，会损坏设备。

（3）氯化反应是放热反应，有些反应温度高达 500℃，如温度失控，可造成超压爆炸。有些氯化反应会发生自行加速过程，导致爆炸危险。在生产中如果出现投料配比差错，投料速度过快，极易导致火灾或爆炸性事故。

（4）液氯汽化时，高热使液氯剧烈汽化，可造成内压过高而爆炸。工艺、操作不当使反应物倒灌至液氯钢瓶，则可能与氯发生剧烈反应引起爆炸。

2. 氯化反应的安全措施

（1）车间厂房设计应符合国家爆炸危险场所安全规定，严格控制各种点火源，电气设备应符合防火防爆的要求。易燃易爆设备和部位应安装可燃气体监测报警仪，设置完善的消防设施。

（2）最常用的氯化剂是氯气。在化工生产中，氯气通常液化储存和运输。常用的容器有储罐、气瓶和槽车等。储罐中的液氯进入氯化器使用之前必须先进入蒸发器使其汽化。在一般情况下不能把储存氯气的气瓶或槽车当储罐使用，否则有可能使被氯化的有机物质倒流进气瓶或槽车，引起爆炸。一般情况下，氯化器应装设氯气缓冲罐，来防止氯气断流或压力减小时形成倒流。氯气本身的毒性较大，须避免其泄漏。

（3）液氯的蒸发汽化装置一般采用汽水混合进行升温，加热温度一般不超过 50℃。

（4）氯化反应是一个放热过程，尤其在较高温度下进行氯化，反应更为剧烈。例如在环氧氯丙烷生产中，丙烯预热至300℃左右进行氯化，反应温度可升至500℃，在这样的高温下，如果物料泄漏就会造成燃烧或引起爆炸。因此，氯化反应设备必须具备良好的冷却系统，并严格控制氯气的流量，以避免因流量过快、温度剧升而引起事故。

（5）由于氯化反应几乎都有氯化氢气体生成，因此所用的设备必须防腐蚀，应保证严密不漏。因为氯化氢气体易溶于水，所以通过增设吸收和冷却装置可以除去尾气中绝大部分氯化氢。

（6）反应过程中存在遇水猛烈分解的物料如三氯化磷、三氯氧磷等，不宜用水作为冷却介质。

四、硝化反应

硝化通常是指在有机化合物分子中引入硝基—NO_2 取代氢原子而生成硝基化合物的反应。硝化是染料、炸药及某些药物生产中的重要反应过程。通过硝化反应可生产硝基苯、TNT、硝化甘油、对硝基氯苯、苦味酸、1-氨基蒽醌等重要化工原料，常见的硝化有甲苯硝化生产梯恩梯（TNT）、苯硝化制取硝基苯、甘油硝化制取硝化甘油等。

1. 硝化反应的危险性分析

（1）硝化是一个放热反应，引入一个硝基要放热152.2～153 kJ/mol，所以硝化需要在降温条件下进行。在硝化反应中，倘若稍有疏忽，如中途搅拌停止、冷却水供应不良、加料速度过快等，都会使温度猛增、混酸氧化能力加强，并有多硝基物生成，容易引起着火和爆炸事故。

（2）硝化剂具有氧化性，常用硝化剂浓硝酸、硝酸、浓硫酸、发烟硫酸、混合酸等都具有较强的氧化性、吸水性和腐蚀性。它们与油脂、有机物，特别是不饱和的有机化合物接触即能引起燃烧；在制备硝化剂时，若温度过高或落入少量水，会促使硝酸大量分解和蒸发，不仅会造成设备强烈腐蚀，还可引发爆炸事故。

（3）被硝化的物质大多易燃，如苯、甲苯、甘油（丙三醇）、脱脂棉等，不仅易燃，有的还兼有毒性，如使用或储存管理不当，很易造成火灾。

（4）硝化产品大都有着火爆炸的危险性，特别是多硝基化合物和硝酸酯，受热、摩擦、撞击或接触着火源，极易发生爆炸或着火。

2. 硝化反应的安全措施

（1）制备混酸时，采用机械搅拌和循环搅拌较好，可以起到一定程度的冷却作用。

（2）采用多段式硝化器可使硝化过程达到连续化，使每次投料少，减少爆炸中毒的危险。

（3）硝化过程中要一定避免有机物质的氧化。应仔细配制反应混合物并除去其中易氧化的组分。硝化剂加料应采用双重阀门控制好加料速度，反应中应连续搅拌，搅拌机应当有自动启动的备用电源，并备有保护性气体搅拌和人工搅拌的辅助设施，随时保持物料混合良好。

（4）万一发生事故，可将物料放入硝化器附设的相当容积的紧急放料槽。

（5）取样时应当防止未完全硝化的产物突然着火，防止烧伤事故。

（6）往硝化器中加入固体物质，必须采用漏斗等设备使加料工作机械化，从加料器上部的平台上将物料沿专用的管子加入硝化器中。

（7）对于特别危险的硝化产物（如硝化甘油），则需将其放入装有大量水的事故处理槽中。

（8）硝基化合物具有爆炸性，形成的中间产物（如二硝基苯酚盐，特别是铅盐）有巨大的爆炸威力。在蒸馏硝基化合物（如硝基甲苯）时，要防止热残渣与空气混合发生爆炸。

（9）避免油从填料函落入硝化器中引起爆炸，硝化器搅拌轴不可使用普通机械油或甘油作润滑剂，以免被硝化形成爆炸性物质。

（10）硝化设备应确保严密不漏，防止硝化物料溅到蒸汽管道等高温表面上而引起爆炸或燃烧。同时严防硝化器夹套焊缝因腐蚀使冷却水漏入硝化物中。如果管道堵塞时，可用蒸汽加温疏通，千万不能用金属棒敲打或明火加热。

（11）车间内禁止带入火种，电气设备要注意防爆。检修时尤其要注意防火安全。报废的管道不可随便拿用，以避免意外事故发生。

五、磺化反应

磺化是在有机化合物分子中引入磺（酸）基—SO_3H 的反应。磺化是有机合成中的一个重要过程，在化工生产中的应用较为普遍。如苯磺酸、磺胺、快速渗透剂 T、太古油等都是重要的化工原料，常见的磺化应用有用硝基苯与发烟硫酸生产间氨基苯磺酸钠，卤代烷与亚硫酸钠在高温加压条件下生成磺酸盐，苯与硫酸直接磺化制备苯磺酸，乙酰苯胺（退热水）经磺化制取磺胺，顺丁烯二酸酐经磺化制取快速渗透剂等。

1. 磺化反应的危险性分析

（1）常用的磺化剂浓硫酸、三氧化硫、氯磺酸等都是氧化剂。磺化剂三氧化硫一旦遇水则生成硫酸，同时会放出大量的热量，使反应温度升高，会造成沸溢，使磺化反应导致燃烧反应而起火或爆炸。同时硫酸对设备有极大的腐蚀破坏作用。

（2）磺化反应是放热反应，若在反应过程中得不到有效冷却和良好的搅拌都有可能引起反应温度超高，以致发生燃烧反应，造成爆炸或起火事故。

（3）苯、硝基苯、氯苯等可燃物原料与磺化剂为浓硫酸、三氧化硫氯磺酸等强氧化剂进行的磺化反应非常危险，因其已经具备了可燃物与氧化剂作用发生放热反应的燃烧条件。对于这类磺化反应，在操作时必须注意：投料顺序不能颠倒，投料速度不能过快，保证正常搅拌及冷却效果良好。否则，任一环节的疏忽都可能造成反应温度升高，使磺化反应变为燃烧反应，引起着火或爆炸事故。

2. 磺化反应的安全措施

（1）使用磺化剂必须严格防水防潮，严格防止接触各种易燃物，以免发生火灾爆炸。经常检查设备管道，防止因腐蚀造成穿孔泄漏，引起火灾和腐蚀伤害事故。

（2）保证磺化反应系统有良好的搅拌和有效的冷却装置，能及时移走反应热，避免温度失控。

（3）严格控制原料纯度（主要是含水量），投料操作时顺序不能颠倒，速度不能过快，应控制正常的反应速度和反应热，以免正常冷却失效。

（4）反应结束后，注意放料安全，避免烫伤及腐蚀伤害。

（5）磺化反应系统应设置安全防爆装置和紧急放料装置，一旦温度失控，立即紧急放料，并进行紧急冷处理。

六、催化反应

催化反应是在催化剂的作用下所进行的化学反应。催化剂是指化学反应中能改变反应速度而本身的组成和质量在反应前后保持不变的物质。常用的催化剂主要有金属、金属氧化物和无机酸等。例如氮和氢合成氨，由二氧化硫和氧合成三氧化硫，由乙烷和氧合成环氧乙烷等都属于催化反应。

1. 催化反应的危险性分析

（1）在反应操作中，若催化剂选择不正确或加入不适量，易形成局部反应激烈；另外，由于催化大多需在一定温度下进行，若散热不良、温度控制不好等，很容易发生超温爆炸或着火事故。

（2）催化产物。在催化过程中有的产生氯化氢，氯化氢有腐蚀和中毒危险；有的产生硫化氢，则中毒危险更大，且硫化氢在空气中的爆炸极限较宽（4.3%～45.5%），生产过程中还有爆炸危险；有的催化过程产生氢气，着火爆炸的危险更大，尤其在高压下，氢的腐蚀作用可使金属高压容器脆化，从而造成破坏性事故。

（3）原料气。原料气中某种能与催化剂发生反应的杂质含量增加，可能成为爆炸危险物，这是非常危险的。例如，在乙烯催化氧化合成乙醛的反应中，由于催化剂体系中常含有大量的亚铜盐，若原料气中含乙炔过高，则乙炔就会与亚铜盐反应生成乙炔铜。乙炔铜为红色沉淀，自燃点在260～270℃，是一种极敏感的爆炸物，干燥状态下极易爆炸，在空气作用下易氧化成暗黑色，并易于起火。

2. 催化反应的安全措施

（1）催化加氢反应一般而言是在高压下有固相催化剂存在下进行的，这类过程的主要危险性有：由于原料及成品（氢气、氨、一氧化碳等）大都易燃、易爆、有毒，因而高压反应设备及管道易受到腐蚀，处置不当亦会导致事故。因此，需特别注意防止压缩工段的氢气在高压下泄漏，产生爆炸。为了防止因高压致使设备损坏，造成氢气泄漏达到爆炸浓度，应有充足的备用蒸汽或惰性气体，以便应急；室内通风应当良好，宜采用天窗排气；冷却机器和设备用水不得含有腐蚀性物质；在开车或检修设备、管线之前，必须用氮气进行吹扫，吹扫气体应当排至室外，以防止窒息或中毒；由于停电或无水而停车的系统，应保持余压，以免空气进入系统。无论在何种情况下，不得对处于压力下的设备进行拆卸和检修。

（2）催化裂化在生产过程中主要由反应再生系统、分馏系统以及吸收稳定系统三个系统组成，这三个系统是紧密相连、相互影响的整体。在反应器和再生器间，催化剂悬浮在气流中，整个床层温度应保持均匀，避免局部过热造成事故。两器压差保持稳定，是催化裂化反应中最主要的安全问题。两器压差一定不能超过规定的范围，目的就是要使两器之间的催化剂沿一定方向流动，避免倒流，造成油气与空气混合发生爆炸。循环冷却水应充足，应备有单独的供水系统。若压力上升较高时，必要时可启动气压放空火炬，维持系统压力平衡。催化裂化装置关键设备应当备有两路以上的供电，并且能自动转换，必要时保证装置的正常运行。

（3）催化重整所用的催化剂有钼铬铝催化剂、铂化剂、镍催化剂等。在装卸催化剂时，要防破碎和污染，未再生的含碳催化剂卸出时，要预防自然超温烧坏；加热炉是热的来源，在催化剂重整过程中，加热炉的安全和稳定非常重要，应采用温度自动调节系统；催化重整装置中，对于重要工艺参数，如温度压力、流量、液位等均应采用安全报警，必要时采用联锁保护装置。

七、聚合反应

聚合反应又称加聚反应，是将若干个分子结合为一个较大的组成相同而分子量较高的化合物的反应。如氯乙烯聚合生产聚氯乙烯塑料，丁二烯聚合生产顺丁橡胶和丁苯橡胶等。

聚合按照反应类型可分为加成聚合和缩合聚合两大类，按照聚合方式又可分为本体聚合、溶液聚合、悬浮聚合和乳液聚合、缩合聚合五种。

1. 聚合反应的危险性分析

（1）本体聚合是在没有其他介质的情况下（如乙烯的高压聚合、甲醛的聚合等），用浸在冷却剂中的管式聚合釜（或在聚合釜中设盘管、列管冷却）进行的一种聚合方法。这种聚合方法往往由于聚合热不易传导散出而导致危险。例如在高压聚乙烯生产中，每聚合 1 kg 乙烯会放出 3.8 MJ 的热量，倘若这些热量未能及时移去，则每聚合 1%的乙烯，即可使釜内温度升高 12～13℃，待升高到一定温度时，就会使乙烯分解，强烈放热，有发生暴聚的危险。一旦发生暴聚，则设备堵塞，压力骤增，极易发生爆炸。

（2）溶液聚合是选择一种溶剂，使单体溶成均相体系，加入催化剂或引发剂后，生成聚合物的一种聚合方法。这种聚合方法在聚合和分离过程中，易燃溶剂容易挥发和产生静电火花。

（3）悬浮聚合是用水作分散介质的聚合方法。它是利用有机分散剂或无机分散剂，把不溶于水的液态单体，连同溶在单体中的引发剂经过强烈搅拌，打碎成小珠状，分散在水中成为悬浮液，在极细的单位小珠液滴（直径为 0.1 μm）中进行聚合，因此又叫珠状聚合。在整个聚合过程中，如果没有严格控制工艺条件，致使设备运转不正常，这种方法易出现溢料，如若溢料，则水分蒸发后未聚合的单体和引发剂遇火源极易引发着火或爆炸事故。

（4）乳液聚合是在机械强烈搅拌或超声波振动下，利用乳化剂使液态单体分散在水中（珠滴直径 0.001～0.01 μm），引发剂则溶在水里而进行聚合的一种方法。这种聚合方法常用无机过氧化物（如过氧化氢）作引发剂，如若过氧化物在介质（水）中配比不当，温度太高，反应速度过快，会发生冲料，同时在聚合过程中还会产生可燃气体。

（5）缩合聚合也称缩聚反应，是具有两个或两个以上功能团的单体相互缩合，并析出小分子副产物而形成聚合物的聚合反应。缩合聚合是吸热反应，但由于温度过高，也会导致系统的压力增加，甚至引起爆裂，泄漏出易燃易爆的单体。

（6）聚合的单位大多是易燃易爆物质，单体在压缩过程中或在高压系统中泄漏，易发生火灾爆炸。

（7）聚合反应中加入的引发剂都是化学活泼性很强的过氧化物，一旦配料比控制不当，易引起暴聚，反应器压力骤增易引起爆炸。

(8) 聚合反应多在高压下进行，多为放热反应，反应条件控制不当会发生暴聚，使反应器压力骤增而发生爆炸。采用过氧化物作为引发剂时，如配料比控制不当就会产生暴聚。高压下乙烯聚合、丁二烯聚合以及氯乙烯聚合具有极大的危险性。

(9) 聚合反应热未能及时导出，如搅拌发生故障、停电、停水，由于反应釜内聚合物黏壁作用，使反应热不能导出，造成局部过热或反应釜飞温，发生爆炸。

2. 聚合反应的安全措施

(1) 反应釜的搅拌和温度应有检测和联锁，发现异常能自动停止进料，并设置反应抑制剂添加系统，出现异常情况时，能自动启动抑制剂的添加，自动停车。高压分离系统应设置爆破片、导爆管，并有良好的静电接地系统，一旦出现异常，要及时泄压。

(2) 严格控制工艺条件，保证设备的正常运转，确保冷却效果，防止暴聚。冷却介质要充足，搅拌装置应可靠，还应采取避免黏壁的措施。

(3) 控制好过氧化物引发剂在水中的配比，避免冲料。

(4) 设置可燃气体检测报警仪，以便及时发现单体泄漏，采取对策。

(5) 加强对溶剂、引发剂的管理，对电气设备采取防爆措施，消除各种火源。必要时，对聚合装置采取隔离措施。

(6) 乙烯高压聚合反应，压力为 100～300 MPa，温度为 150～300℃，停留时间为 10 s 至数分钟。操作条件下乙烯极不稳定，能分解成碳、甲烷、氢气等。乙烯高压聚合的防火安全措施有：添加反应抑制剂或加装安全阀来防止暴聚反应；采用防黏剂或在设计聚合管时设法在管内周期性地赋予液体以脉冲，防止管路堵塞；设计严密的压力、温度自动控制联锁系统；利用单体或溶剂汽化回流及时清除反应热。

(7) 氯乙烯聚合反应所用的原料除氯乙烯单体外，还有分散剂（明胶、聚乙烯醇）和引发剂（过氧化二苯甲酰、偶氮二异庚腈、过氧化二碳酸等）。主要的安全措施有：采取有效措施及时除去反应热，必须有可靠的搅拌装置；采用加水相阻聚剂或单体水相溶解抑制剂来减少聚合物的黏壁作用，减少人工清釜的次数，减小聚合岗位的毒物危害；聚合釜的温度采用自动控制。

(8) 丁二烯聚合反应，聚合过程中接触和使用酒精、丁二烯、金属钠等危险物质，不能暴露于空气中；在蒸发器上应备有联锁开关，当输送物料的阀门关闭时，该联锁装置可将蒸汽输入切断，为了控制猛烈反应，应有适当的冷却系统，冷却系统应保持密闭良好，并严格地控制反应温度；丁二烯聚合釜上应装安全阀，同时连接管安装爆破片，爆破片后再连接一个安全阀；聚合生产系统应配有纯度保持在 99.5%以上氮气保护系统，在危险可能发生时能立即向设备充入氮气加以保护。

针对上述不安全因素，应设置可燃气体检测报警器，一旦发现设备、管道有可燃气体泄漏，将自动停车。对催化剂、引发剂等要对储存、运输、调配、注入等工序进行严格管理。

八、裂解反应

裂解有时又称裂化，是指有机化合物在高温下分子发生分解的反应过程。在 600℃以上所进行的过程为裂解，在 600℃以下的过程为裂化。二者生产的目的不同，前者的目的产物为乙烯、丙烯、乙炔、联产丁二烯、苯、甲苯、二甲苯等化工产品，后者的目的产物是汽油、煤油等燃料油。

裂化可分为热裂化、催化裂化、加氢裂化三种类型。

1. 裂解反应的危险性分析

（1）热裂化

热裂化在高温高压下进行，装置内的油品温度一般超过其自燃点，若漏出油品会立即起火；热裂化过程中产生大量的裂化气，且有大量气体分馏设备，若漏出气体，会形成爆炸性气体混合物，遇加热炉等明火，有发生爆炸的危险。在炼油厂各装置中，热裂化装置发生的火灾次数是较多的。

（2）催化裂化

催化裂化一般在较高温度（460～520℃）和压力（0.1～0.2 MPa）下进行，火灾危险性较大。若操作不当，再生器内的空气和火焰进入反应器中会引起恶性爆炸。U形管上的小设备和小阀门较多，易漏油着火。在催化裂化过程中还会产生易燃的裂化气，以及在烧焦活化催化剂不正常时，还可能出现可燃的一氧化碳气体。

（3）加氢裂化

由于加氢裂化使用大量氢气，而且反应温度和压力都较高，在高压下钢与氢气接触，钢材内的碳分子易被氢气所夺取，使碳钢硬度增大而降低强度，产生氢脆，如设备或管道检查或更换不及时，就会在高压（10～15 MPa）下发生设备爆炸。另外，加氢是强烈的放热反应，反应器必须通冷氢以控制温度。因此，要加强对设备的检查，定期更换管道、设备，防止氢脆造成事故；加热炉要平稳操作，防止设备局部过热，防止加热炉的炉管烧穿或者高温管线、反应器漏气而引起着火。

2. 裂解反应的安全措施

裂解炉运转过程中，一些外界因素可能危及裂解炉的安全。其安全技术要点如下：

（1）引风机故障的预防

引风机是不断排除炉内烟气的装置。在裂解炉正常运行中，如果由于断电或引风机机械故障而使引风机突然停转，则炉膛内很快变成正压，会从窥视孔或烧嘴等处向外喷火，严重的会引起炉膛爆炸。为此，必须设置装置，一旦引风机故障停车，则裂解炉自动停止进料并切断燃料供应，但可继续供应稀释蒸汽，以带走炉膛内的余热。

（2）燃料气压力降低的控制

裂解炉正常运行中，如燃料系统大幅度波动，燃料气压力过低，则可能造成裂解炉烧嘴回火，使烧嘴烧坏，甚至引起爆炸。

裂解炉采用燃料油作燃料时，如燃料油的压力降低，也会使油嘴回火，因此，当燃料油压降低时应自动切断燃料油的供应，同时停止进料。

当裂解炉使用油和气为燃料时，如果油压降低，则在切断燃料油的同时，将燃料气切入烧嘴，裂解炉可继续维持运转。

（3）其他公用工程故障的防范

裂解炉其他公用工程（如锅炉给水）中断，则废热锅炉包液面迅速下降，如不及时停炉，必然会使废热锅炉炉管、裂解炉对流段锅炉给水预热管损坏。此外，水、电、蒸汽出现故障，均能使裂解炉发生事故。在此情况下，裂解炉应能自动停车。

九、电解反应

电解是电流通过电解质溶液或熔融电解质时，在两个电极上所引起的化学变化过程。许多有色金属（钠、钾、镁、铝等）和稀有金属（锆、铪等）冶炼，金属铜、锌、铝等的精炼，许多基本化学工业产品（氢、氧、氯、烧碱、氯酸钾、过氧化氢等）的制备，以及电镀、电抛光、阳极氧化等，都是通过电解来实现的。如食盐水电解生产氢氧化钠、氢气、氯气，电解水制氢等。电解反应的危险性分析及主要安全措施如下：

1. 盐水应保证质量

盐水中如含有铁杂质，能够产生第二阴极而放出氢气；盐水中带入铵盐，在适宜的条件下（$pH<4.5$时），铵盐和氯作用可生成氯化铵，氯作用于浓氯化铵溶液还可生成黄色油状的三氯化氮。

$$3C_{12}+NH_4Cl \longrightarrow 4HCl+NCl_3$$

三氯化氮是一种爆炸性物质，与许多有机物接触或加热至90℃以上以及被撞击，即发生剧烈分解爆炸。爆炸分解式如下：

$$2NCl_3 \longrightarrow N_2+3Cl_2$$

因此盐水配制必须严格控制质量，尤其是铁、钙、镁和无机铵盐的含量。一般要求$Mg^{2+}<2$ mg/L，$Ca^{2+}<6$ mg/L，$SO_4^{2-}<5$ mg/L。应尽可能采取盐水纯度自动分析装置，这样可以观察盐水成分的变化，随时调节碳酸钠、苛性钠、氯化钡或丙烯酸胺的用量。

2. 盐水添加高度应适宜

应适当在操作中向电解槽的阳极室内添加盐水，如盐水液面过低，氢气有可能通过阴极网渗入到阳极室内与氯气混合；若电解槽盐水装得过满，在压力下盐水会上涨。因此，盐水添加不可过少或过多，应保持一定的安全高度。采用盐水供料器应间断供给盐水，以避免电流的损失，防止盐水导管被电流腐蚀（目前多采用胶管）。

3. 防止氢气与氯气混合

氢气是极易燃烧的气体，氯气是氧化性很强的有毒气体，一旦两种气体混合极易发生爆炸，当氯气中含氢量达到5%以上，则随时可能在光照或受热情况下发生爆炸。造成氢气和氯气混合的原因主要是：阳极室内盐水液面过低；电解槽氢气出口堵塞，引起阴极室压力升高；电解槽的隔膜吸附质量差；石棉绒质量不好，在安装电解槽时如果碰坏隔膜，会造成隔膜局部脱落，如果送电前注入的盐水量过大会将隔膜冲坏，当阴极室中的压力等于或超过阳极室的压力时，就可能使氢气进入阳极室等，这些都可能引起氯气中含氢量增高。此时应对电解槽进行全面检查，将单槽氯含氢浓度控制在2%以下，总管氯含氢浓度控制在0.4%以下。

4. 严格电解设备的安装要求

由于在电解过程中氢气存在，故有着火爆炸的危险，所以电解槽应安装在自然通风良好的单层建筑物内，厂房应有足够的防爆泄压面积。

5. 掌握正确的应急处理方法

在生产中遭遇突然停电或其他原因突然停车时，高压阀不能立即关闭，以免电解槽中氯气倒流而发生爆炸。应在电解槽后安装放空管以及时减压，并在高压阀门上安装单向阀，以有效防止跑氯，避免污染环境和带来火灾危险。

十、烷基化反应

烷基化亦称为烃化，是在有机化合物分子的氮、氧、碳等原子上引入烷基 R—的反应。引入的烷基有甲基（—CH_3）、乙基（—C_2H_5）、丙基（—C_3H_7）、丁基（—C_4H_9）等。

烷基化常用烯烃、卤化烃、醇等能在有机化合物分子中的碳、氧、氮等原子上引入烷基的物质作烷基化剂。如苯胺和甲醇作用制取二甲基苯胺。

1. 烷基化的危险性分析

(1) 被烷基化的物质以及烷基剂大都具有着火爆炸危险。如苯是中闪点易燃液体，闪点 −11℃，爆炸极限 1.2%～8%；苯胺是毒害品，闪点 70℃，爆炸极限 1.3%～11.0%；丙烯是易燃气体，爆炸极限 1%～15%；甲醇是中闪点易燃液体，闪点 11℃，爆炸极限 5.5%～44%。

(2) 烷基化过程所用的催化剂易燃。例如三氧化铝是遇湿易燃物品，有强烈的腐蚀性，遇水（或水蒸气）会发热分解，有时能引起爆炸，若接触可燃物则易着火。三氧化磷是腐蚀性忌湿易燃液体，遇水（或乙醇）会剧烈分解。氯化氢有极强的腐蚀性和刺激性，有毒，遇水及酸（硝酸、醋酸）发热、冒烟，有发生起火爆炸的危险。

(3) 烷基化的产品亦有一定的火灾危险，在操作存放时需注意防火安全，如异丙苯是乙类液体，闪点 35.5℃，自燃点 434℃，爆炸极限 0.68%～4.2%；二甲基苯胺是丙类液体，闪点 61℃，自燃点 371℃；烷基苯是丙类液体，闪点 127℃。

(4) 烷基化反应都是在加热条件下进行，操作时应注意控制反应速度。例如，保证原料、催化剂烷基化剂等的正常加料顺序、加料速度，保证连续搅拌等，避免发生剧烈反应，引起跑料，造成着火或爆炸事故。

2. 烷基化反应的安全措施

(1) 车间厂房设计应符合国家爆炸危险场所安全规定。应严格控制各种点火源，车间内电气设备要通风良好，易燃易爆设备应安装可燃气体监测报警仪，设置完善的消防设施。

(2) 妥善保存烷基化催化剂，避免与水、水蒸气以及乙醇等物质接触。

(3) 烷基化的产品存放时需注意防火安全。

(4) 烷基化反应操作时应注意控制反应速度，例如，保证原料、催化剂、烷基化剂等的正常加料顺序与速度，保证连续搅拌等，避免发生剧烈反应引起跑料，造成着火或爆炸事故。

十一、重氮化反应

重氮化是使芳伯胺变为重氮盐的反应。通常是把含芳胺的有机化合物在酸性介质中与亚硝酸钠作用，使其中的氨基（—NH_2）转变为重氮基（—N=N—）的化学反应。如二硝基重氮酚的制取等。重氮化反应的危险性分析及安全措施如下：

1. 重氮化反应的主要火灾危险性在于所产生的重氮盐，如重氮盐酸盐（$C_6H_5N_2Cl$）、重氮硫酸盐（$C_6H_5N_2H_5O_4$），特别是含有硝基的重氮盐，如重氮二硝基苯酚［$(NO_2)_2N_2C_6H_2OH$］等，它们在温度稍高或光的作用下极易分解，有的甚至在室温时亦能分解。一般每升高 10℃，分解速度加快两倍。在干燥状态下，有些重氮盐不稳定，活力大，受热或摩擦、撞击能分解爆炸。含重氮盐的溶液若洒落在地上、蒸汽管道上，干燥后亦能引起着火或爆炸。在酸性介质中，有些金属如铁、铜、锌等能促使重氮化合物激烈地分解，甚至引起爆炸。

2. 作为重氮剂的芳胺化合物都是可燃有机物质，在一定条件下也有着火和爆炸的危险。

3. 重氮化生产过程所使用的亚硝酸钠是无机氧化剂，于 175℃时分解能与有机物反应发生着火或爆炸。亚硝酸钠并非氧化剂，所以当遇到比其氧化性强的氧化剂时，其又具有还原性，故遇到氯酸钾、高锰酸钾、硝酸铵等强氧化剂时，有发生着火或爆炸的可能。

4. 在重氮化的生产过程中，若反应温度过高、亚硝酸钠的投料过快或过量，均会增加亚硝酸的浓度，加速物料的分解，产生大量的氧化氮气体，有引起着火爆炸的危险。

第三节　安全管理对策措施

安全管理措施主要根据《中华人民共和国安全生产法》《安全生产许可证条例》（国务院令第 397 号）、《危险化学品安全管理条例》（国务院令第 344 号）、《中华人民共和国劳动法》《生产经营单位安全生产事故应急预案编制导则》（AQ/T 9002—2006）、《关于开展重大危险源监督管理工作的指导意见》（安监管技装协调字［2004］56 号）、《中华人民共和国职业病防治法》等安全管理规章制度制定。

一、安全制度、组织机构建设

建立安全管理机构，设置专职或者兼职的安全管理人员。

建立安全责任制，根据相关法规、标准及技术规范，结合实际情况建立、健全以企业负责人为第一安全责任人的各级、各类人员的安全生产责任制及各项安全生产规章制度，编制各装置、岗位的安全操作规程。

各操作岗位安全管理制度上墙，对各操作岗位进行定期安全检查。编制岗位及重要设备的安全检查表，并定期对照安全检查表进行安全检查。

严格执行各项安全操作规程、工艺操作规程，严防跑、冒、滴、漏现象。

二、安全培训

单位主要负责人和安全生产管理人员应参加安全生产相关知识培训，并经考核合格后，持证上岗；特种作业人员（电工、压力容器操作工等）应按照《特种作业人员安全技术培训考核管理办法》规定经有关部门考核合格，取得特种作业人员操作资格证书；从业人员应进行安全生产教育和培训，新工人上岗前应进行三级安全教育和岗位培训，经考核合格后方能上岗。

加强安全教育和安全技术培训工作。针对生产工艺特点和物质的危险危害特性进行培训。定期对职工进行工艺、设备、安全、技术、管理、操作等安全教育，加强职业培训，不断提高职工的安全意识和安全技能；对转岗、复工人员应参照新职工的办法进行培训和考试。每年定期进行安全培训考试，考核合格方可上岗工作。

对于外聘人员，在进厂作业前也必须进行必要的安全培训，掌握必要的安全知识、相关报警仪的使用方法以及逃生路线等。

在安全培训方面，一定要做到“真抓实干”，措施到位，任务落实，可以采用闭卷考试的形式，100分为满分、90分为及格等措施，让职工在培训过程中，真正牢固掌握安全生产的知识，坚决杜绝安全培训流于形式的现象。

三、设备管理

加强对设备及其管道的日常安全检查、巡查和定期校验，建立设备档案，制定设备管理责任制，做好定期检修和日常维护工作。

按照设备管理有关制度，作定期检查、维护，并登记建档。各种计量、检测仪表、压力管线定期由质监部门进行鉴定，出具鉴定证书。

压力容器、流量计、安全阀、锅炉等特种设备必须定期年检，取得合格报告，并建立完备的档案和安全卡片。

可燃、有毒气体场所设置气体浓度检测报警装置，定期调试气体浓度检测报警设施，设立使用卡片。

通信线路接线箱要定期进行检查，在雨后要进行检查和维护，确保通信线路始终处于畅通状态。

四、安全检查与监护

编制车间、工段、岗位、重要设备以及操作方法的安全检查表，并定期对照安全检查表进行安全检查，避免因人的不安全行为和物的不安全状态而造成事故。

生产过程中，安全管理人员应加强装置区作业巡检，随时关注外来务工人员工作状况，避免任一环节在安全检查上的疏漏。

五、安全标志管理

使用、储存的危险化学品应有安全技术说明书和安全标签。

生产区内危险有害场所应设立明显的安全警示标志及人员疏散标志；生产装置刷色执行《安全色》（GB 2893）规定，管道刷色和符号执行《工业管道的基本识别色和识别符号》（GB 7231）规定，遵守其他有关安全标志管理的规定。

六、应急预案及演练

对装置和设施根据《危险化学品重大危险源辨识标准》（GB 18218—2009）进行重大危险源辨识，建立健全重大危险源监控档案，进行定期评估。

根据《危险化学品事故应急预案编制导则》（单位版），结合项目实际情况，制定事故应急救援预案，配备必要的应急救援设施。

编制应急预案演练计划，并组织员工定期培训和演练，做好详细的演练记录，并对演练中发现的问题及时进行修订。在应急预案演练中应不断完善典型重大事故的应急措施、步骤，防止事故的发生。

七、消防管理

成立义务消防大队，对各种火灾事故研究灭火方案，定期进行消防演练，做好演练记录，对发现的问题及时进行整改。

操作现场应配备完善的防护消防设施，操作人员配备防毒面具、防化服、防护手套，现场设置应急喷淋水源、消防水池等。消防器材定期检查和维护，以保证消防器材始终处于正常工作状态，对消防设备及时更换。与临近消防大队进行必要沟通，共同协商大型火灾及气体泄漏爆炸等重大事故的应急方案。

八、劳动保护

依法参加工伤保险，为从业人员缴纳保险费。

应建立员工健康档案，定期组织员工进行健康检查。按不同工种和岗位发放劳保用品，保障员工身体健康。

企业职工应每年进行一次健康检查，以确定危险化学品对职工的慢性毒害情况，以便进一步采取措施。

为作业人员配备符合国家标准或行业标准的劳动防护用品，应严格要求员工正确佩戴劳动防护用品。开展经常性的安全教育活动和危险源辨识工作，提高职工的安全意识和异常情况下的应变能力。

有毒岗位设置防毒面具、解毒急救药品等防护用具。加强对个人防护用品使用的监督，严禁作业人员直接接触有毒、有害危险化学品。在有毒性危害和化学灼伤的作业环境，设置淋洗器、洗眼器等卫生防护设施，以减轻人员接触所造成的伤害。

加强职工的应急救援、培训教育和演练，能正确使用个体防护用具。上岗时应将个体防护用具放在方便取用的位置，以便发生事故时能够迅速有效地采取正确的措施和方法逃生，进行自救。

九、其他安全措施

电气设备和线路必须满足防火防爆要求，避免产生电气火花。机房工作人员不得穿着能产生静电和火花的服装上岗。

罐内作业等有限空间作业应按相关的有限空间作业规程执行。

检修时办理动火手续后才能进行切割、焊接作业，并做好现场监护。

检修人员防护用品和照明要规范并使用安全电压。

应保证安全投入和添置先进的生产设施，逐步引入现代安全管理系统工程，提高管理水平。

严格执行操作工“五严格”即严格执行交接班制度，严格进行巡回检查，严格控制工艺指标，严格执行操作法（票），严格执行安全规定，增强责任感，交接清楚，加强巡检。

第六章　化工企业安全评价结论

第一节　评价结论编制原则

由于工程、系统进行安全评价时，通过分析和评价将单元各评价要素的评价结果汇总成各单元安全评价的小结，因此，整个项目的评价结论应是各评价单元评价小结的高度概括，而不是将各评价单元的评价小结简单地罗列起来作为评价的结论。

评价结论的编制应着眼于整个被评价系统的安全状况，应遵循客观公正、观点明确的原则，做到概括性、条理性强且文字表达精练。

一、客观公正性

评价报告应客观公正地针对评价项目的实际情况，实事求是地给出评价结论。应注意既不夸大危险也不缩小危险。

1. 对危险、危害性分类、分级的确定，如火灾危险分类、防雷分类、重大危险源辨识、火灾危险环境电力装置危险区域的划分、毒性分级等，应恰如其分，实事求是。

2. 对定量评价的计算结果应进行认真分析，确认是否与实际情况相符；如果发现计算结果与实际情况出入较大，就应该认真分析所建立的数学模型或采用的定量计算模式是否合理，数据是否合格，计算是否有误。

二、观点明确

在评价结论中观点要明确，不能含糊其辞、模棱两可、自相矛盾。

三、清晰准确

评价结论应是评价报告进行充分论证的高度概括，层次要清楚，语言要精练，结论要准确，要符合客观实际，要有充足的理由。

第二节　评价结论主要内容

一、评价结论分析

评价结论应较全面地考虑评价项目各方面的安全状况，要从“人、机、料、法、环”理出评价结论的主线并进行分析。交代建设项目在安全卫生技术措施、安全设施上是否能满足系统安全的要求，安全验收评价还需考虑安全设施和技术措施的运行效果及可靠性。

1. 人力资源和管理制度方面

（1）人力资源：安全管理人员和生产人员是否经安全培训，是否满足安全生产需要，是否持证上岗等。

（2）安全管理：是否建立安全管理体系，是否建立支持文件（管理制度）和程序文件（作业规程），设备装置运行是否建立台账，安全检查是否有记录，是否建立事故应急救援预案等。

2. 设备装置和附件设施方面

（1）设备装置：生产系统、设备和装置的本质安全程度，控制系统是否做到故障安全型，即一旦超越设计或操作控制的参数限度时，是否具备能使系统或设备回复到安全状态的能力及其可靠性。

（2）附件设施：安全附件和安全设施配置是否合理，是否能起到安全保障作用，其有效性是否得到证实；一旦超越正常的工艺条件或发生误操作时，安全设施是否能保证系统安全。

3. 物质物料和材质材料方面

（1）物质物料：危险化学品的安全技术说明书（MSDS）是否建立，生产、储存是否构成重大危险源，燃爆和急性中毒方面是否得到有效控制。

（2）材质材料：设备、装置及危险化学品的包装物的材质是否符合要求，材料是否采取防腐蚀措施（如牺牲阳极法），测定数据是否完整（测厚、探伤等）。

4. 方法工艺和作业操作

（1）方法工艺：生产过程工艺的本质安全程度、生产工艺条件正常和工艺条件发生变化时的适应能力。

（2）作业操作：生产作业及操作控制是否按安全操作规程进行。

5. 生产环境和安全条件

（1）生产环境：生产作业环境能否符合防火、防爆、防急性中毒的安全要求。

（2）安全条件：自然条件对评价对象的影响，周围环境对评价对象的影响，评价对象总图布置是否合理，物流路线是否安全和便捷，作业人员安全生产条件是否符合相关要求。

二、评价结果归类及重要性判断

由于系统内各单元评价结果之间存在关联，且各评价结果在重要性上不平衡，对安全评价结论的贡献有大有小，因此在编写评价结论之前最好对评价结果进行整理、分类并按严酷度和发生频率分别将结果排序列出。

例如，将影响特别重大的危险（群死群伤）或故障（或事故）频发的结果；将影响重大危险（个别伤亡）或故障（或事故）发生的结果；将影响一般危险（偶有伤亡）或故障（或事故）偶然发生的结果等进行排序列出。

三、评价结论的主要内容

安全评价结论的内容，因评价种类（安全预评价、安全验收评价、安全现状综合评价和专项评价）的不同而各有差异。通常情况下，安全评价结论的主要内容应包括：

1. 评价结论分析

（1）评价结果概述、归类、危险程度排序。

（2）对于评价结果可接受的项目还应进一步提出要重点防范的危险、危害性。

（3）对于评价结果不可接受的项目，要指出存在的问题，列出不可接受的充足理由。

（4）对受条件限制而遗留的问题提出改进方向和措施建议。

2. 评价结论

（1）评价对象是否符合国家安全生产法规、标准要求。

（2）评价对象在采取所要求的安全对策措施后达到的安全程度。

3. 持续改进方向

（1）提出保持现已达到安全水平的要求（加强安全检查，保持日常维护等）。

（2）进一步提高安全水平的建议（冗余配置安全设施，采用先进工艺、方法、设备）。

（3）其他建设性的意见和希望

1）提出保持现已达到安全水平的要求（加强安全检查，保持日常维护等）。

2）进一步提高安全水平的建议（冗余配置安全设施，采用先进工艺、方法、设备）。

3）其他建设性的意见和希望。

第七章　化工企业安全评价报告编制

第一节　设立安全评价报告编制

一、设立安全评价报告编制

安全预评价报告的主要内容包括概述、生产工艺简介、主要危险危害因素分析、评价方法的选择和评价单元的划分、定性定量安全评价、安全对策措施及建议、评价结论。

1. 概述

概述包括编制预评价报告书的依据、建设单位简介、建设项目简介和评价范围等内容。

（1）安全预评价的依据。包括有关的法律、法规、技术标准、建设项目（新建、改建、扩建工程项目）可行性研究报告、立项文件等相关文件和参考资料。

（2）建设单位简介。包括单位性质、组织机构、员工构成、生产的产品、自然地理位置、环境气候条件等。

（3）建设项目简介。包括建设项目选址、总图及平面布置、生产规模、工艺流程、主要设备、主要原材料、中间体、产品、技术经济指标、公用工程及辅助设施等。

（4）评价范围。一般整个建设项目包括的生产装置、公用工程、辅助设施、物料储运、总图布置、自然条件及周围环境条件等均应在评价范围之内，但有些技术改造项目新老装置交错共存，有些新建项目分期实施，诸如此类建设项目就需要明确评价范围。

2. 生产工艺简介

对生产工艺应简要介绍工艺路线、主要工艺条件、主要生产设备等。

3. 主要危险危害因素分析

在分析建设项目资料和对同类生产厂家进行初步调研的基础上，对建设项目建成投产后，在生产过程中所用原、辅材料及中间产品的数量、危险危害性及其储运，以及生产工艺、设备、公用工程、辅助工程、地理环境条件等方面的危险危害因素逐一进行分析，确定主要危险危害因素的种类、产生原因、存在部位及可能产生的后果，以便确定评价对象和选用合适的评价方法。

4. 评价方法的选择和评价单元的划分

在选用评价方法之前，应明确所要评价的对象和进行评价单元划分。

根据建设项目主要危险危害因素的种类和特征，选用评价方法。不同的危险危害因素，选用不同的方法。对重要的危险危害因素，必要时可选用两种（或多种）评价方法进行评价，相互补充、验证，以提高评价结果的可靠性。

5. 定性定量安全评价

定性定量安全评价是预评价报告书的核心章节，运用所选取的评价方法对危险危害因素进行定性、定量的评价计算和论述。根据建设项目的具体情况，对主要危险因素采用相应的评价方法进行评价。对危险性大且容易造成群体伤亡事故的危险因素可选用两种或几种评价方法进行评价，以相互验证和补充，并且要对所得到的评价结果进行科学的分析。

6. 安全对策措施及建议

由于安全方面的对策措施对建设项目的设计、施工和今后的安全生产及管理具有指导作用，因此备受建设、设计单位的重视，这是预评价报告书中的一个重要章节。提出的安全对策措施针对性要强，要具体、合理、可行。一般情况下从下列几个方面分别列出可行性研究报告中已提出的和建议补充的安全对策措施。

（1）总图布置和建筑方面的安全对策措施。

（2）工艺设备、装置方面的安全对策措施。

（3）工程设计方面的安全对策措施。

（4）管理方面的安全对策措施。

（5）应采用的其他综合措施。

同时，本章节中应列出建设项目必须遵守的国家和地方性安全方面的法规、法令、标准、规范和规程。

7. 评价结论

评价结论应包括以下 3 个方面：

（1）简要列出对主要危险危害因素评价（计算）的结果。

（2）明确指出本建设项目今后生产过程中应重点防范的重大危险因素。

（3）指出建设单位应重视的重要安全卫生技术措施和管理措施，以确保今后的安全生产。

二、安全预评价建设单位应提供的资料

1. 建设项目综合性资料。包括建设单位概况、建设项目概况、建设工程总平面图、建设项目与周边环境位置关系图、建设项目工艺流程及物料平衡图、气象条件等。

2. 建设项目设计依据。包括建设项目立项批准文件，建设项目设计依据的地质、水文资料，建设项目设计依据的其他有关安全资料。

3. 建设项目设计文件。包括建设项目可行性研究报告，改建、扩建项目相关的其他设计文件。

4. 安全设施、设备、工艺、物料资料。包括生产工艺中的工艺过程描述与说明，生产工艺中的安全系统描述与说明，生产系统中主要设施、设备和工艺数据表，原料、中间产品、产品及其他物料资料。

5. 安全机构设置及人员配置。

6. 安全专项投资估算。

7. 历史性类比装置的监测数据和资料。

8. 其他可用于建设项目安全评价的资料。

第二节　安全现状评价报告编制

安全现状评价报告应内容全面、重点突出、条理清楚、数据完整、取值合理、评价结论客观公正。特别是对危险危害因素的分析要准确，提出的事故隐患整改计划要科学、合理、可行和有效。安全现状评价工作要由懂工艺操作、仪表电气、消防以及安全工程的专家共同参与完成。评价组成员的专业能力应涵盖评价范围所涉及的专业内容。

安全现状评价报告的主要内容包括以下 11 个方面：

（1）摘要；

（2）前言；

（3）目录；

（4）评价项目概述：包括评价项目概况、评价范围以及评价依据；

（5）评价程序和评价方法；

（6）危险危害因素分析：包括对工艺过程、物料、设备、管道、电气和仪表自动控制系统，水、电、气、风、消防等公用工程系统，危险物品的储存方式、储存设施、辅助设施、周边防护距离等方面进行的危险危害因素分析；

（7）定性、定量评价及计算：通过分析，对上述生产装置和辅助设施所涉及的内容进行危险危害因素识别后，运用定性、定量的安全评价方法进行定性和定量评价，确定危险程度和危险级别以及事故发生的可能性和将会造成的严重后果，为提出安全对策措施提供依据；

（8）事故原因分析与重大事故的模拟：包括重大事故原因分析，重大事故概率分析，重大事故预测、模拟；

（9）对策措施与建议；

（10）评价结论；

（11）附件

1）数据表格、平面图、流程图、控制图等安全评价过程中制作的图表文件；

2）评价方法的确定过程和评价方法介绍；

3）评价过程中专家的意见；

4）评价机构和生产经营单位交换意见汇总表及反馈结果；

5）生产经营单位提供的原始数据资料目录及生产经营单位证明材料；

6）法定的检测检验报告。

第三节　验收安全评价报告编制

一、安全验收评价报告的要求

1. 安全验收评价报告应涉及的内容

（1）初步设计中提出的安全设（措）施，是否已按设计要求与主体工程同时建成并投入使用。

（2）建设项目中的特种设备是否经具有法定资格的单位检验合格，并取得安全使用证书（或检验合格证书）。

（3）工作环境、劳动条件等，经测试是否符合国家有关规定。

（4）建设项目中的安全设（措）施，经现场检查是否符合国家有关安全规定或标准。

（5）是否建立了安全生产管理机构，是否建立健全了安全生产规章制度和安全操作规程，是否配备了必要的检测仪器、设备，是否组织进行劳动安全卫生培训教育及特种作业人员培训、考核及相关人员取证情况。

（6）是否制定了事故预防和应急救援预案。

2. 安全验收评价报告编制要求

安全验收评价报告的编制要求内容全面、重点突出、条理清楚、数据完整、取值合理，整改意见具有可操作性，评价结论客观、公正。

二、安全验收评价报告主要内容

1. 概述

（1）安全验收评价依据。

（2）建设单位简介。

（3）建设项目概况。

（4）生产工艺。

（5）主要安全卫生设施和技术措施。

（6）建设单位安全生产管理机构及管理制度。

2. 主要危险、有害因素识别

（1）主要危险、有害因素及相关作业场所分析。

（2）列出建设项目所涉及的危险、有害因素并指出存在的部位。

3. 总体布局及常规防护设施措施评价

（1）总平面布局。

（2）厂区道路安全。

（3）常规防护设施和措施。

（4）评价结果。

4. 易燃易爆场所评价

（1）爆炸危险区域划分符合性检查。

（2）可燃气体泄漏检测报警仪的安装检查。

（3）防爆电气设备安装认可。

（4）消防检查（主要检查是否取得消防安全认可）。

（5）评价结果。

5. 有害因素安全控制措施评价

（1）防急性中毒、窒息措施。

（2）防止粉尘爆炸措施。

（3）高、低温作业安全防护措施。

（4）其他有害因素控制安全措施。
（5）评价结果。

6. 特种设备监督检验记录评价

（1）压力容器与锅炉（包括压力管道）。
（2）起重机械与电梯。
（3）厂内机动车辆。
（4）其他危险性较大的设备。
（5）评价结果。

7. 强制检测设备设施情况检查

（1）安全阀。
（2）压力表。
（3）可燃、有毒气体泄漏检测报警仪及变送器。
（4）其他强制检测设备设施情况。
（5）检查结果。

8. 电气安全评价

（1）变电所。
（2）配电室。
（3）防雷、防静电系统。
（4）其他电气安全检查。
（5）评价结果。

9. 机械伤害防护设施评价

（1）夹击伤害。
（2）碰撞伤害。
（3）剪切伤害。
（4）卷入与绞碾伤害。
（5）割刺伤害。
（6）其他机械伤害。
（7）评价结果。

10. 工艺设施安全联锁有效性评价

（1）工艺设施安全联锁设计。
（2）工艺设施安全联锁相关硬件设施。
（3）开车前工艺设施安全联锁有效性验证记录。
（4）评价结果。

11. 安全生产管理评价

（1）安全生产管理组织机构。
（2）安全生产管理制度。
（3）事故应急救援预案。
（4）特种作业人员培训。

（5）日常安全管理。

（6）评价结果。

12. 安全验收评价结论

这部分是在对现场评价结果分析归纳和整合的基础上，得出安全验收评价结论，主要内容包括：

（1）建设项目安全状况综合评述。

（2）归纳、整合各部分评价结果并提出存在问题及改进意见。

（3）建设项目安全验收总体评价结论。

13. 安全验收评价报告附件

（1）数据表格、平面图、流程图、控制图等安全评价过程中制作的图表文件。

（2）建设项目存在问题与改进意见汇总表及反馈结果。

（3）评价过程中专家提出的意见及建设单位证明材料。

14. 安全验收评价报告附录

（1）与建设项目有关的批复文件（影印件）。

（2）建设单位提供的原始资料目录。

（3）与建设项目相关的数据资料目录。

第八章　化工企业安全评价实例

本章列选的为某油库安全现状评价报告，以下为报告正文。

编制说明

××油库（简称××油库）位于重庆市××，距南川城区4 km。××油库修建于1973年，1974年竣工。油库主要储存汽油和柴油，库容量为6 800 m^3（汽油2 500 m^3，柴油2 500 m^3，备用油罐1 800 m^3），属于三级油库。

依据《危险化学品名录》和《危险货物品名录》的规定，该油库储存的汽油属于危险化学品，柴油属于危险货物，因此，××油库属于危险化学品经营储存企业。按照《危险化学品安全管理条例》《危险化学品经营企业的开业条件和技术要求》的规定，对××油库必须进行现状安全评价，方可从事成品油的接卸、储存和发油业务。

2010年6月4日，××有限公司（以下简称××公司）受××公司的委托，对××油库的安全管理、接卸与储存和发油工艺装置、公用工程及辅助设施、作业和环境安全条件进行安全现状评价。××公司在审阅××油库提供的有关文件资料的基础上，依据国家、行业和重庆市现行相关法律法规、技术标准与规范，组织安全评价人员对××油库进行了现场勘察、分析与评价，编制完成了本报告。

××公司通过对××油库安全管理、作业和环境安全条件的安全现状评价，针对油库可能存在的安全问题和潜在的事故隐患，提出了相应的安全对策措施与建议，××油库认真配合，积极进行整改，为××油库今后制定安全防范措施，实现油库本质化安全和安全管理部门的管理决策提供了科学依据。

目　　录

1　评价主要过程

1.1　评价目的

为贯彻国家“安全第一、预防为主、综合治理”的安全生产方针，不断提高油库的本质安全程度和安全管理水平，降低安全风险，预防事故发生，保护油库从业人员的健康和生命、财产安全，根据《中华人民共和国安全生产法》《危险化学品安全管理条例》等有关规定，××油库须定期进行安全现状评价工作。

本次安全现状评价工作的目的是：

(1) 分析被评价油库安全管理和在日常装卸和储存作业过程中存在的危险、有害因素，找出被评价油库在成品油装卸和储存作业过程中存在的安全隐患及其所在的部位，并在此基础上提出相应的安全对策措施及建议；

(2) 根据分析和评价结果，确定被评价单位的安全状况；

(3) 为油库的日常安全管理，以及安全监督管理部门实施安全监督管理提供依据。

1.2　评价原则

(1) 以国家、行业和重庆市发布的有关安全的方针、政策、法律、法规和技术标准与规范为依据，按照科学、公正、合法、自主的原则开展评价工作。

(2) 采用可靠、适用的评价方法与技术，确保其评价工作的质量。从实际的、经济的、技术的角度出发，提出有针对性的安全对策措施，并作出客观的评价结论。

1.3　评价范围

××油库的安全管理、装卸和储存工艺装置、公用工程及辅助设施、作业和环境安全条件。

1.4　评价程序

本次安全现状评价的具体程序详见图8—1。

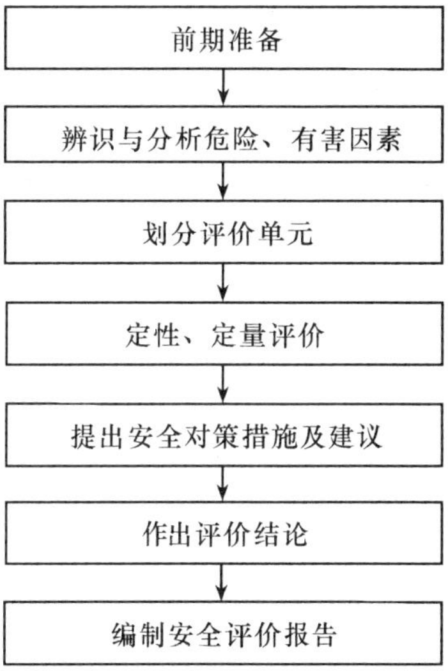

图8—1　安全现状评价程序框图

2　××油库概况

2.1　××油库简介

××油库位于重庆市××，距南川城区4 km。油库现有员工25人，其中技术管理人员

6名，安全管理人员6名；油库建立了以中国石油集团HSE（健康、安全、环保）管理体系为主体的各种组织机构，各项规章制度健全，近年来积极推行规范化、精细化管理。“安全决定生存、细节决定成败”深入员工心中。

油库始建于1973年，1974年正式投产，1987年、1991年、2004年、2005年先后多次进行扩容改造，现占地33 330 m^2，建筑面积2 665 m^2。总库容量6 800 m^3，主要储存汽油、柴油等石油产品。其中500 m^3 汽油油罐1个（储存90# 汽油）。1 000 m^3 汽油罐2个（分别储存90# 汽油和93# 汽油），1 000 m^3 柴油罐2个，500 m^3 柴油罐1个，备用油罐1 800 m^3，属于三级油库。所有油罐均为金属拱顶罐，装有呼吸阀、液位仪。铁路专用线上的卸油鹤管10组。汽车发油鹤管4组。油料供应区域主要为涪陵、丰都、垫江、武隆。

库内消防设施齐全，共设置消火栓9个、泡沫栓7个，固定式消防系统覆盖整个库区。储油罐区、发油场地设置的可燃气体浓度报警仪、带高液面报警装置液位仪、温度报警器等大大提高了油库的本质安全水平。发油自动化系统减轻了员工的劳动强度。全库绿草茵茵，树木葱葱，绿化面积占库区面积1/3，达到“美化、绿化、净化、硬化、规范化”的“五化”油库标准。

2.2 总平面布置

××油库设有三个储油罐区：A1罐区（1#、2# 油罐）、A2罐区（3# ～6# 油罐）和A3罐区（7# ～12# 油罐），各储油罐区设有独立的防护堤，A1罐区在A2罐区的上方，A2罐区在A3罐区的上方护堤，A3罐区分布在油库中部，发油台在A3罐区的下方，办公区、生活区在油罐区的西边，接卸油品铁路专线在油罐区南边，从大门进入油库的道路宽为7 m，罐区建有环形消防道路，宽为5 m。

从上总图布置上可以看出××油库罐区布置符合《石油库设计规范》5.0.3规定。总平面布置图见附件。

2.3 油库的主要设施

立式储油罐12座。油泵房1座，离心式油泵3台，螺杆式油泵2台。付油亭1座，4个汽车油罐车装车货位，火车槽车接卸车鹤位10个，输油管线2 217 m。各设备之间的安全间距符合相关标准。

油库还设有办公楼、车库、门卫室、消防值班室等辅助工程建筑。

2.4 罐区

油库内现有12座钢质罐，总容量为6 800 m^3，分别储存汽油、柴油。储油罐情况见表8—1。

2.5 装卸油作业

××油库现有一条接卸油品铁路专用线，外来装汽、柴油的火车槽车停靠收油鹤位，共设10组收油鹤管。接通输油复合软管，启动输油泵，经过输油管道输送到各油罐储存。

表 8—1　　储油罐一览表

序号	名称	规格	数量	单位	备注
1	钢质立式拱顶罐	1 000 m^3	4	座	存放 90# 汽油 1 座 存放 93# 汽油 1 座 存放 0# 柴油 2 座
2	钢质立式拱顶罐	500 m^3	2	座	存放 90# 汽油 1 座 存放 0# 柴油 1 座
3	钢质立式拱顶罐		6	座	共 1 800 m^3，备用油罐

2.6　发油作业

××油库设有一个发油场，汽、柴油发油台配有 4 个发油鹤管，同时可对 4 个汽车油罐车付发汽油或柴油，均设有装油液位报警仪，外来车辆均经接地处理。利用高位储油罐正压自流式发油，计量采用流量计。

2.7　公用工程

2.7.1　给排水

该油库生活用水由南川区自来水公司管网供给。消防用水由该油库在江边设置水泵房，汲水至 550 m^3、750 m^3 消防蓄水池。

该油库排水实行清污分流制，雨水经水沟、排水管网排至凤嘴江。每座油罐与汽车付油亭均设小型隔油池（2～3 m^3），其含油污水经隔油分油后排至 100 m^3 分油池集中处理达标后排放。

2.7.2　变配电

该油库变配电站设一台变压器，国家电网双电源供电，用电负荷属二级。消防水泵房除配有电动消防水泵、泡沫水泵外，还配有 31 kW 柴油机消防水泵、泡沫水泵各一台，故该油库消防用电负荷属一级。

水、电供应符合油库的储存要求。

2.8　消防及其他安全设施

该油库逐步完善了消防水、泡沫水消防管网系统。消防水泵房设置了电动、柴油动力的消防水泵、泡沫泵共 4 台，3 m^3 泡沫罐 1 台。铁路专用线、油罐区、汽车付油亭共设置了消火栓 9 个、泡沫消火栓 7 个，及其他干粉、泡沫、二氧化碳等灭火器材。

××油库配备安全设施设备见表 8—2。

2.9　环境自然条件

××油库位于川湘公路左侧，凤嘴江东面，依山而建，属喀斯特地貌。油库及附近区域内无危岩、滑坡等地质危害，基本地震烈度 6 度，因地势较高不会受到洪水危害。

表 8—2　　主要安全设施设备一览表

类别	项目	应有的安全设施	实际情况	备注
1. 预防事故设施	(1) 检测、报警设施	压力、温度、液位、流量、组分等报警设施，可燃气体、有毒有害气体、氧气等检测和报警设施	有压力表、温度计、液位计等	
	(2) 设备安全防护设施	防护罩、防护屏、负荷限制器、制动、限速、防雷、防晒、防冻、防腐、防渗漏等设施，电气设备过载保护设施，静电接地设施	有防护罩、避雷针及防雷、防静电接地装置等	
	(3) 防爆设施	各种电气设备、仪表的防爆设施，抑制助燃物品混入（如氮封）、易燃易爆气体和粉尘形成等设施，防爆工具	有防爆工具，电气设备、仪表的防爆措施	
	(4) 作业场所防护设施	作业场所的防辐射、防静电、防噪声、通风（除尘、排毒）、防护栏（网）、防滑、防灼烫等设施	有抽风机、防噪声装置等	
	(5) 安全警示标志	包括各种指示、警示作业安全和逃生避难及风向等警示标志	有各类安全标志	
2. 控制事故设施	(6) 泄压和止逆设施	用于泄压的阀门、爆破片、放空管等设施，用于止逆的阀门等设施，真空系统的密封设施	有安全阀	
	(7) 紧急处理设施	紧急备用电源，紧急切断、分流、排放、吸收、中和、冷却等设施，通入或者加入惰性气体、反应抑制剂等设施，仪表联锁等设施	有紧急备用电源等	
	(8) 防止火灾蔓延设施	阻火器、安全水封、回火防止器、防油（火）堤，防爆墙等隔爆设施，防火墙、防火门等设施，防火材料涂层	有安全水封井、防火堤、泡沫等	
3. 减少与消除事故影响设施	(9) 灭火设施	水喷淋、惰性气体、蒸汽、泡沫释放等灭火设施，消火栓、高压水枪（炮）、消防车、消防水管网、消防站等	有灭火设施。有消火栓、消防水管网、专职消防队等	
	(10) 紧急个体处置设施	洗眼器、喷淋器、应急照明等设施	有应急照明等	
	(11) 应急救援设施	堵漏、工程抢险装备和现场受伤人员医疗抢救装备		
	(12) 逃生避难设施	逃生和避难的安全通道（梯）、避难信号等	有安全通道等	
	(13) 劳动防护用品和装备	包括头部，面部，视觉、呼吸、听觉器官，四肢，躯干防火、防毒、防灼烫、防腐蚀、防噪声、防光射、防高处坠落、防砸击、防刺伤等免受作业场所物理、化学因素伤害的劳动防护用品和装备	有个人防护用品（具）等	

南川位于重庆南部，东南与贵州接壤，东北与武隆为邻，北接涪陵，西连巴南、綦江和万盛，是渝南黔北的重要交通门户。南川地处四川盆地东南边缘与云贵高原过渡地带，幅员 2 602 km^2。2006 年 10 月撤市设区，辖 3 个街道、31 个乡镇，人口 65 万，素有“黔蜀喉襟、巴渝险要”之称。

渝湘高速公路开通后，南川距重庆主城区 58 km，到江北国际机场和长江深水港码头 1 小时车程。随着南川至万盛、涪陵、道真高速公路逐步建成，境内将形成“X＋1”高速公路网络。南川至涪陵、万盛铁路改造建成后将把重庆境内的渝黔线、渝怀线、沪汉蓉渝大通道连接起来。

地势地貌：南川处于四川盆地东南边缘与云贵高原过渡地带，地形以山为主，地势呈东南向西北倾斜，以湘渝公路为界，大体构成中山、低山两大地貌，湘渝公路以南属大娄山褶皱地带，呈中山地貌，以北呈丘陵低山地貌。区境山脉多为北东—南西走向。境内最高点金佛山风吹岭海拔 2 251 m，最低点骑龙鱼跳岩海拔 340 m，南川城区海拔 550 m 左右。

面积：南川境内南北长 80.25 km，东西宽 52.5 km，总面积 2 601.92 km^2，有常用耕地 59 万亩，临时性耕地 26 万亩，另有林地 212 万亩，园地 10 万亩，草地 3.5 万亩，水域面积 6.2 万亩。

河流：南川有大小河流 56 条，分属乌江及长江水系，主要河流有大溪河、柏枝溪、孝子河、黎香溪、芙蓉江支流等 26 条，多发源于金佛山，河流呈树枝状分布全境，河谷狭窄，沿途多险滩急流，水资源总量 21.3 亿立方米，其中地表水量 18.87 亿立方米，可开发水力资源 13.5×10^4 kW。

气候：南川属亚热带湿润季风气候，具有气候温和、雨量充沛、立体差异明显、四季分明、无霜期长等特点。

年平均气温	17.0℃
年最热平均气温	18℃
年总降雨量	1 325.5 mm
常年最高气温	40.2℃
最低气温	－1.8℃
年平均相对湿度	79％
年平均降水量	1 083 mm

2.10　安全管理

××公司为了加强对××油库的经营和安全管理，公司以中国石油集团的 HSE 管理体系为核心，在强化岗位责任的基础上，进一步对××油库的安全责任制、安全生产管理制度、安全操作规程及事故应急预案进行了补充完善和修订。

××油库自 2008 年进行安全评价以后，至今未发生一次安全事故，也是油库安全生产的成果。

2.11　近两年安全投入

近两年来，油库在安全投入方面共花费 23.6 万元，包括安全设施设备的更新和保养、人员的安全培训等。其安全投入明细见表8—3。

表8—3　　近两年来安全投入一览表

序号	项　　目	花费（万元）	备注
1	安全培训	2	
2	消防泡沫管线整改400 m，喷淋降温管250 m整改，输油管线130 m整改，整修消防器材室及补充消防釜2把	20	
3	更换灭火器	0.8	
4	防雷防静电检测	0.8	
	合　　计	23.6	

3　油库工艺及设施设备

3.1　装卸、发油工艺流程

3.1.1　装卸工艺

油火车→输油复合软管→收油进口阀门→过滤器→离心泵→出口阀→止回阀→油罐进口阀门→立式储油罐

卸油工艺流程示意图：

装油工艺流程示意图：

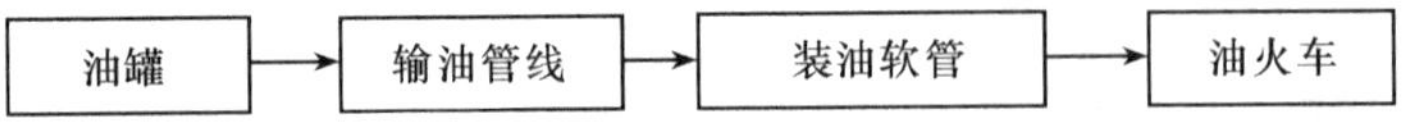

装卸油的流速不超过4.5 m/s。

3.1.2　发油工艺

立式储油罐→油罐出口阀门→输油管道→阀门→粗过滤器→分流器→阀门→精过滤器→球阀→流量计→鹤管→汽车油罐车

发油工艺流程示意图：

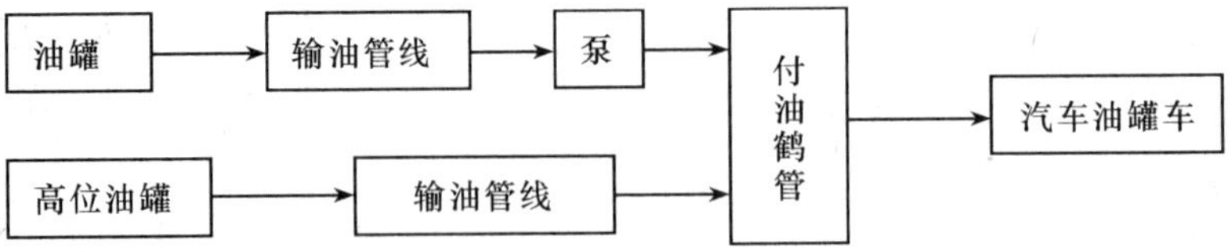

3.2　油库关键装置

该油库安全评价的关键装置为：

（1）储油罐及输油管线系统；

（2）油品装卸系统（接卸油品铁路专用线及鹤管，真空罐，离心泵，装卸油泵、管线及控制装置）；

（3）发油装置、中转泵房；

（4）消防（含泡沫）系统（消防水泵及管线，泡沫泵及管线）。

3.3　油库重点部位

（1）油罐区、油水分离池；

（2）接卸油品铁路专用线、发油场及输油管线；

（3）中转泵房（含配套配电间）；

（4）变配电房；

（5）消防泵房及消防水池。

4　危险、有害因素分析

4.1　物质的危险性

油库经营的危险化学品为汽油、柴油。

油库经营的危险物质是汽油和柴油，依据《危险化学品名录》，汽油属一级易燃液体，存在着火灾、爆炸、对人体产生毒害等危险、有害因素。柴油属于可燃液体。所存在的危险物质的理化性能指标见表 8—4（其安全技术特性及危险、有害因素见表 8—16、表 8—17）。

表 8—4　　项目所涉及的危险化学品理化性能指标

序号	物质名称	外观	密度 (g/cm^3)	闪点 (℃)	沸点 (℃)	自燃点 (℃)	爆炸极限 (V%)	毒物危害程度分级	火灾危险性分类
1	汽油	无色或淡黄色液体，具有挥发性和易燃性，有特殊气味	0.70～0.79	−50	40～200	415～530	1.3～6.0	Ⅲ级	甲$_B$
2	柴油	稍有黏性的浅黄色至棕色液体	0.87～0.9	>55	180～370	227～250	1.5～4.5	Ⅲ级	乙$_B$

理化特性及安全技术特性数据来源于《危险化学品安全技术手册》（化学工业出版社）、《危险化学品安全技术说明书（MSDS）》等资料。

××油库的主要危险、有害因素分析结果见表 8—5。

表 8—5　　物质的危险、有害因素分析结果

序号	危险物质	危险性类别	主要危险、有害因素
1	汽油	第 3.1 类 易燃液体	①燃烧、爆炸　②中毒、窒息
2	柴油	可燃液体	①燃烧、爆炸　②中毒、窒息

根据危险、有害因素分析结果，该项目主要存在的危险、有害因素为火灾、爆炸、中毒、窒息、车辆伤害、坍塌、雷电、静电及其他自然灾害等。主要危险、有害因素分析结果见表 8—6。

表 8—6　　主要危险、有害因素分析结果

序号	危险类型	危险部位	危险说明
1	火灾、爆炸	油罐区、接卸油区、付油区	卸油、加油过程中，油品挥发的蒸气，与空气混合浓度达到爆炸下限，遇高热、火花或明火极易发生燃烧爆炸 油蒸气密度比空气密度大，会沉积于管沟、电缆沟、下水道等低洼处，遇火点源就会发生爆炸燃烧
2	中毒、窒息	罐区	有限空间内，吸入高浓度泄漏的汽油、柴油蒸气，可引起呼吸中枢麻痹
3	车辆伤害	付油区	进站加油车辆，驾驶人员，押运人员及接卸油、加油操作人员在车辆行驶中可能引起人体坠落、挤压、跌倒伤害
4	坍塌	付油罩棚区、罐区	加油车辆进站加油时，如驾驶员操作不当或因机械原因操作失控，可能撞击加油罩棚支柱，造成罩棚坍塌，引发意外事故
5	雷电、静电危害	卸油区、付油区、罐区	若无防雷设施或防雷设施失效，无静电跨接或接地装置失效，存在静电集聚、放电引起火灾、爆炸的危险
6	其他危险	油罐区、付油区	地震、洪水等自然灾害及不可预见的因素而导致其他伤害事故的发生

4.2　固有危险、有害程度

4.2.1　危险化学品的数量、浓度、状态和所在部位及其状况

油库具有爆炸性、可燃性、毒性的化学品数量、浓度、状态及所在场所（部位）见表 8—7。

表 8—7　　危险化学品的数量、浓度、状态和所在部位及其状况表

序号	物质	数量（kg）	相对密度（水＝1）	状态	温度（℃）	压力（MPa）	所在部位
1	汽油	1 750 000	0.70～0.79	液态	常温	0.1	油罐区
2	柴油	2 250 000	0.87～0.9	液态	常温	0.1	油罐区

4.2.2　定性分析项目总的和各个作业场所的固有危险程度

4.2.2.1　定性分析项目总的固有危险程度

该油库总的固有危险程度为危险的，会造成人员伤亡和系统损坏，要立即采取防范对策

措施。其中，储油方式采用地上拱顶罐储油，汽油储油罐共3个，公称容积为1 000 m^3 的2个油罐（90# 汽油1个，93# 汽油1个），公称容积为500 m^3 的1个（储存90# 汽油）。柴油储罐的公称容积为1 000 m^3，共2个，公称容积为500 m^3，共1个。由于汽油、柴油容易挥发，且其蒸汽爆炸极限较低，因此危险程度相对较高。

4.2.2.2　定性分析各个作业场所的固有危险程度

加油区的固有危险程度为临界的，处于事故的边缘状态，暂时还不至于造成人员伤亡、系统损坏或降低系统性能，但应予以排除或采取控制措施。

储油罐区的固有危险程度为危险的，会造成人员伤亡和系统损坏，要立即采取防范对策措施。

4.2.3　各个评价单元的固有危险程度

4.2.3.1　具有爆炸性化学品的质量及相当于梯恩梯（TNT）的摩尔量

本油库具有爆炸性的危险化学品主要有汽油、柴油，汽油和柴油具有挥发性，其蒸汽与空气混合达到爆炸极限，遇火星、火花、静电、高热等火源发生爆炸。其质量及相当于梯恩梯（TNT）的摩尔量见表8—8。

表8—8　　具有爆炸性化学品的质量及相当于梯恩梯（TNT）的质量

序号	物质	数量（kg）	相对密度（水=1）	燃烧热 kJ/kg	相当于梯恩梯（TNT）的当量（kg）	所在部位
1	汽油	1 750 000	0.70～0.79	46 600	767 000	储油罐区、加油区
2	柴油	2 250 000	0.87～0.90	33 000	698 000	储油罐区、加油区

用TNT当量法预测蒸气云爆炸严重度。采用下列公式计算：

$$W_{TNT}=AW_fQ_f/Q_{TNT}$$

其摩尔量 $=W_{TNT}/M$（TNT相对分子质量227）

式中　A——蒸气云的TNT当量系数，取值范围为0.02%～14.9%，取4%；

W_{TNT}——蒸气云的TNT当量，kg；

W_f——蒸气云中燃料的总质量，kg；

Q_f——燃料的燃烧值，kJ/kg；

Q_{TNT}——TNT的爆热，(4.12～4.69) $\times 10^3$ kJ/kg（取4 520 kJ/kg）。

4.2.3.2　具有可燃性的化学品的质量及燃烧后放出的热量

本项目具有可燃性的化学品为汽油和柴油。假定危化品全部燃烧，其燃烧放出的热量见表8—9。

表8—9　　具有可燃性的化学品的质量及燃烧后放出的热量表

序号	物质	数量（kg）	燃烧热（kJ/kg）	燃烧后放出的热量（$\times 10^6$ kJ）	所在部位
1	汽油	1 750	46 000	81 550	储油罐区、加油区
2	柴油	2 250	33 000	74 250	储油罐区、加油区

4.2.3.3　具有毒性的化学品的浓度及质量

本项目具有毒性的化学品为汽油。其浓度及质量见表8—10。

表 8—10　　具有毒性危险化学品的浓度及质量

序号	危险化学品名称	浓度（%）	质量（kg）	主要分布区域
1	汽油	100	1 750 000	储油罐、加油机、管道
2	柴油	100	2 250 000	储油罐、加油机、管道

4.3　风险程度

4.3.1　出现成品油泄漏的可能性

储油罐区的 12 个储油罐在连接管道破裂、管道遭遇意外的机械损伤、阀门密封失效、罐壁发生腐蚀等情况下均会发生泄漏，可能性为很少发生或偶然发生，在设备的寿命期内有可能发生。

4.3.2　成品油泄漏后造成火灾爆炸事故所需要的条件和时间

当连接储油罐区的 12 个储油罐的管道在破裂、遭遇意外的机械损伤、阀门密封失效、罐壁发生腐蚀等情况下引起汽油、柴油泄漏，若自动报警装置未及时报警，导致泄漏的汽油挥发成蒸气，并积聚在地势低洼地方，达到爆炸下限，一旦周边环境内存在违章动火，或者明火、高热、强氧化剂等物质，就会发生火灾，甚至引起爆炸事故。

条件：泄漏的成品油或形成的油蒸气达到爆炸浓度极限，周边环境内存在点火源。

时间：泄漏的成品油或油蒸气在遇到点火源时，瞬间就会发生火灾、爆炸事故。

4.3.3　出现爆炸、火灾、中毒事故造成人员伤亡的范围

为了尽量准确地预测储油区油罐发生爆炸事故的严重度，采用 TNT 当量法和超压—冲量准则对其发生爆炸的冲击波伤害进行计算，划分出伤害区域。

a. 死亡半径

$$R_S：R_S\ =13.6\ [E/(Q_{TNT}\times 1\ 000)]^{0.37}$$

式中　R_S——死亡区半径，m；

E——爆源总能量，J；

Q_{TNT}——TNT 当量（4.52×10^6 J/kg）。

对无约束蒸气云：

$$E=aW_fQ_f$$

式中　a——蒸气云的 TNT 当量系数（0.02%～15.9%，取中值 4%）；

W_f——蒸气云中燃料的总质量，kg；

Q_f——燃料的燃烧热，J/kg。

b. 重伤半径 R_Z，根据冲击波超压准则可用下述联立方程求得：

$$\begin{cases}\Delta Ps\ (atm)\ =0.137Z^{-3}+0.119Z^{-2}+0.269Z^{-1}-0.019\ [0.1<\Delta Ps\ (atm)\ <10] \\ Z=R/\ (E/P_0)^{1/3} \\ \Delta Ps=44\ 000/P_0\end{cases}$$

式中　ΔPs——冲击波超压，44 000 Pa 为重伤时的冲击波超压峰值；

P_0——环境压力，Pa，取值 101 325 Pa；

R——目标至爆源的水平距离，m。

代入冲击波超压峰值 44 000 Pa 可得到重伤半径：$R_Z=1.081\ (E/101\ 300)^{1/3}$。

c. 轻伤半径为 R_Q 所需公式同重伤半径，只需将轻伤半径的冲击波峰值 17 000 Pa 替换重伤半径时 44 000 Pa 即可。

d. 建筑物破坏半径 R_J 计算公式如下：

$$R_J=K_i W_{TNT}{}^{1/3}/\ [1+(3\ 175/W_{TNT})^2]^{1/6}$$

式中 K_i 为建筑物不同破坏等级对应的常数，建筑物全部破坏等级为 1 级，对应常数 K_i 查表为 3.8，可得 R_J。

e. 财产损失半径 R_C：在精度要求不太高的爆炸型事故危险评价中可用建筑物 2 级破坏等级（$K_i=5.6$）作为财产损失半径，将 $K_i=5.6$ 代入上式求得 R_C。

该项目选用储油罐区 A 区的一个防护堤内的 3 个汽油储罐，储罐的公称容积为 500 m^3 油罐 1 个，1 000 m^3 油罐 2 个。假设 3 个汽油储罐同时发生爆炸，则计算结果见表 8—11。

表 8—11　　储罐区爆炸伤害半径计算结果

序号	项目	单位	结果	备注
1	总质量	kg	1 750 000	
2	总能量	J	$81\ 550\times10^9$	
3	TNT 当量	kg	767 000	
4	死亡半径	M	511	
5	重伤半径	M	969.6	
6	轻伤半径	M	2 509.6	
7	建筑物破坏半径	M	347.8	
8	财产损失半径	M	512.6	

4.4　作业过程及场所危险、有害因素分析

危险因素，是指能对人造成伤亡或对物造成突发性损害的因素。

有害因素，是指影响人的身体健康、导致疾病或对物造成慢性损害的因素。

通过对危险、有害因素的分析，有助于人们认识生产经营过程中危险事件发生的可能性与后果的严重程度，从而寻求防范事故的对策与措施。

油库储存、经营的汽油和柴油，属于易燃烧、易爆炸的危险性物质。在油品接卸、储存、加油过程中，一旦泄漏就有可能在空气中扩散形成爆炸性气体混合物，如遇点火源，可酿成火灾爆炸事故，轻者对职工安全健康造成影响，重则将对国家和人民生命财产造成损失。

本报告按照《企业职工伤亡事故分类》对危险、有害因素进行分类分析，通过分析，该油库在油品储存、经营作业的接卸油、储存、加油等过程中可能存在的各类危险主要有火灾、爆炸、中毒和窒息、灼烫、车辆伤害等，详见表 8—12。

表 8—12　　油品接卸、储存、加油过程中的危险、有害因素汇总

序号	经销环节	危险介质	危险因素
1	油品运输	汽油、柴油	车辆伤害、火灾、爆炸、灼烫
2	接卸油		火灾、爆炸、中毒和窒息、高处坠落
3	油品储存		火灾、爆炸、灼烫、中毒和窒息
4	加油		火灾、爆炸、灼烫、中毒和窒息、车辆伤害

4.4.1　火灾、爆炸危险

4.4.1.1　接卸油品铁路专用线接卸作业

接卸油品铁路专用线接卸作业时输油复合软管接头、输油闸阀填料处可能有渗漏现象，这样在接卸作业过程中就会不断有油品蒸气挥发出来，特别在夏季因气温较高其挥发量就更大。油品蒸气在油轮附近形成爆炸性混合气体，此时如遇火种（作业或其他人员违章吸烟、打手机、穿铁钉鞋等）会发生火灾或爆炸危险。作业过程中也有产生静电火花的可能性，例如接卸油品时，流速过大（应不大于 4.5 m/s）使静电荷聚集，静电接地不良或接地线损坏，产生静电火花，引燃、引爆油品或油品蒸气，形成火灾与爆炸危险。

4.4.1.2　汽车发油场作业

汽车发油场灌装作业也是在油罐车装油口敞开情况下进行的，这样在灌装作业过程中就会不断有油品蒸气挥发出来，特别在夏季因气温较高其挥发量就更大。油品蒸气在油罐车附近与空气形成爆炸性混合气体，此时如有火种（外来提货人员违章吸烟，使用手机，穿化纤衣服、铁钉鞋；提货油罐车无防火罩；静电接地线接触不良等）就会发生火灾或爆炸危险。

4.4.1.3　中转泵房

中转油泵在输送油品作业过程中，油泵机械密封处与输油闸阀填料密封可能发生渗漏，泄漏出来的油品挥发成蒸气，如果中转油泵基础标高比中转泵房地面标高低或者中转油泵属半地下式，就会使其蒸气在中转油泵周围聚集，形成爆炸性混合气体。一旦遇到电气设施因接地损坏产生火花，容易造成火灾或爆炸危险。

4.4.1.4　电气设备、线路的火灾危险

油品接卸区的电气设备都处于火灾爆炸环境中，其选型、安装、使用、维护等如不符合相关规范要求，就容易产生电弧火花而引发火灾、爆炸危险。

电气线路由于负荷过大、老化造成绝缘性能下降，会导致线路过热甚至短路、燃烧而引发火灾。输油管道由于焊接质量差，易产生裂缝，在输送油品过程中造成渗漏或泄漏，会引发火灾、爆炸事故。

油泵在运输中出现故障，如轴承、机械密封、轴的损坏，造成油品滴漏，会引发火灾、爆炸事故。

4.4.2　毒性危害

汽油、柴油均属于轻度危害（Ⅳ级）化学品，正常情况下其毒性对作业人员危害较小。但其油罐、油泵、输油管道、阀门等发生大量泄漏时，抢修、救援人员必须佩戴防毒气口罩、面具等个人防护用具，否则将对人的身体造成不同程度的毒性危害。

4.4.3　储油火灾、爆炸危险

储油罐如果使用年限较长，有渗漏的可能，操作不当有跑冒油的可能；在储存时，由于

夏天高温，油罐内油温升高，油气浓度增大，同时压力升高，当油罐内的压力超过呼吸阀控制压力时，将通过油罐呼吸阀或量油孔排出油蒸气，在罐区周围形成爆炸性混合气体，一旦遇火源或高温，引燃油品蒸气，从而引发火灾事故。

4.4.4　配电房火灾危险

若配电房电气线路由于过载或短路、设备损坏等会造成过热而引起火灾，配电房与泵房相邻，油蒸气进入配电房也会引起火灾。

4.4.5　电气危险

4.4.5.1　电气设备、线路的火灾危险

接触电阻过大，绝缘电气线路由于短路、负荷过载造成过热使导线绝缘损坏造成漏电，会引起火灾。

由于油库作业过程中大多都存在火灾爆炸危险，在火灾爆炸场所的电力装置及其配线如不符合防爆要求，就会产生电弧火花引发火灾。

4.4.5.2　触电伤害

低压电气设备外露，可导电部分未与PE线连接，或绝缘老化失效或未设漏电保护器以及人的误操作都存在触电伤害的危险。

4.4.6　机械伤害

油库的接卸油泵、输油管线、鹤管、汽车等机械设备如果没有防护装置或防护装置损坏，人员操作失误就会发生撞、绞、压等机械伤害。

4.4.7　高温伤害

油库接卸和发油作业均在露天进行，夏天高温天气，如不采取降温措施，就会造成职工中暑，形成高温伤害。

4.4.8　中毒

油品含有一些对人体有害的成分，油库操作人员作业中吸入过量的油蒸气或皮肤过多直接接触油品，可引起中枢神经系统功能障碍，高浓度时可引起呼吸中枢麻痹。

同时油品对皮肤、眼、鼻有刺激作用，皮肤接触油品会引起接触性皮炎、油性痤疮，吸入油蒸气可引起吸入性肺炎。

4.4.9　噪声危害

噪声危害主要存在于油泵房，接卸油泵在运行中可产生噪声从而对操作人员产生伤害。因此应采用低噪声泵或配备防噪声护品，降低其产生的噪声强度，减少对操作人员的健康损伤。

4.4.10　雷击灾害

防雷设施不齐或失效，一旦发生雷击，会造成火灾。

4.5　重大危险源辨识

重大危险源，是指长期和临时生产、加工、搬运、使用或储存危险物质且危险物质的数量等于或超过临界量的单元（包括设施和场所）。

该油库储罐区总储量6 800 m^3，汽油储量为2 500 m^3，柴油储量为2 500 m^3，汽油储量为1 750 t，柴油储量为2 250 t，根据《危险化学品重大危险源辨识》标准，以汽油临界量

200 t 和柴油临界量 5 000 t 的标准计算，××油库已构成危险化学品重大危险源，因此应按重大危险源进行监督管理。

根据《重庆市人民政府办公厅进一步加强重大危险源监督管理的通知》的规定：可能造成一次死亡 1～2 人或直接经济损失 50 万～500 万元的一般事故为四级重大危险源，××油库发生火灾、爆炸事故损坏一个 1 000 m^3 储油罐及储存汽油，价值在 50 万～500 万元之间，因此，××油库应定为四级重大危险源。

4.6 油库与周边环境的相互影响

4.6.1 油库周边情况

油库周边环境情况见表 8—13。

表 8—13　　周边情况

方位	周边情况	距离（m）	备注
东面	住户约 21 户，大约 75 人	距围墙 80 m，距罐区 200 m	
南面	住户约 26 户，86 人	距围墙 80 m，距罐区 150 m	
西面	住户约 2 户，10 人	距围墙 150 m，距罐区 180 m	
北面	无住户	外围均为山坡	

4.6.2 油库对周边环境的影响

该油库周边 80 m 范围内无居民，也无大型厂矿、企业、学校等。正常情况下，该油库的接卸、发油作业对周边基本无影响。若油库发生严重的油品泄漏或火灾、爆炸事故对周边有一定影响。

4.6.3 周边环境对油库的影响

周边居民因距油库至少有 80 m，不会对油库产生不良影响。但居民在节假日燃放烟花爆竹对油库有一定影响。油库应与当地政府一起做好安全宣传工作，并采取可靠措施防范因燃放烟花爆竹可能酿成火灾爆炸事故。

4.6.4 自然条件的影响

对油库影响最大的自然因素是雷击，雷击火花容易引起挥发气体燃烧、爆炸，因此在雷击时严禁装卸油作业。

4.7 事故状态下防范环境污染的措施

××油库涉及的油品为汽油、柴油，在装卸和储存作业等环节对环境和人体健康存在潜在的危险性，因储油罐、输油管道、接卸油鹤管、油泵等可能发生油品突发泄漏事故，油品泄漏往往与火灾、爆炸同时发生，且发展迅速、致使油品大量外泄，或多点诱发，从点源发展到面源污染事故。因此油库项目的建设过程中，建立了适宜和有效的事故防范措施。

本报告对事故状态下防范环境污染措施，提出以下建议：

应建立完善的安全管理制度、安全操作规程和事故应急救援预案，加强对员工的安全、环保意识的教育，实行持证上岗。

具备完善的消防设施，油库灭火器材的配备应符合《建筑设计防火规范》及《石油库设计规范》的有关规定。

××油库油罐少量或大量泄漏时，油品因防火堤阻隔进入小型隔油池，收集泄漏的油品。

若油罐发生火灾、爆炸事故，应首先进行倒罐作业，然后组织冷却灭火作业。此时含油的消防、冷却污水因防火堤阻隔进入小型隔油池，流入 100 m^3 分油池，集中处理分离出油品后，污水达标排放不会外泄，基本上可避免污染水体。

5　评价单元的划分与评价方法的选择

5.1　评价单元的划分

5.1.1　评价单元划分的原则

评价单元的划分是在对危险有害因素分析的基础上，根据安全评价目标和评价方法的需要将系统分成若干有限确定范围和需要安全评价的单元，以利于安全评价工作的客观性和准确性。

本次安全评价单元的划分主要以工艺设施设备为主，同时又兼顾了其他功能区或设施设备的相对独立性。

5.1.2　评价单元的划分内容

根据安全评价单元划分的原则，本次安全评价将油库划分为安全管理、周边环境与外部条件、油库总平面布置、工艺设施设备、消防设施设备及器材、电气装置、防雷防静电设施共 7 个评价单元。

5.2　评价方法的选择

在本次安全评价工作中，根据工程项目资料、现场踏勘，结合本项目的工艺特点和上述危险、有害因素分析，选用安全检查表法（SCL），道化学火灾、爆炸指数评价法（DOW）和池火灾事故后果评价模型对本工程进行定性、定量评价。评价方法适宜性分析见表 8—14。

表 8—14　　评价方法适宜性分析

序号	评价方法	评价的对象	方法适宜性分析
1	安全检查表法	总平面布置	有效识别项目设计内容（包括总平面布置、储罐区和辅助设施公用工程等设计内容）存在的不足，找出项目实施产生危险的原因，并可据此提出消除或控制危险性的措施
		储罐区	
		辅助设施及公用工程	
2	道化学火灾、爆炸指数评价法	储罐区	定量分析本工程储罐区储罐发生火灾、爆炸事故的风险程度，提出消除和控制措施
3	池火灾事故后果评价模型	储罐区	定量分析储罐区油罐泄漏发生池火灾带来的后果及造成人员伤亡的范围，供工程项目应急救援及编制应急预案参考

6　定性、定量安全评价结果

6.1　资料审查和环境条件现场踏勘

2010 年 6 月 17 日，本公司安全评价人员深入现场，对××油库进行了安全现状评价现场勘察，采用油库安全现状评价资料审查表和油库安全现状评价检查表；对该油库的安全管理、从业人员上岗资格、经营储存场所条件及公用工程及辅助设施进行了安全评价现场检查，并对油库提交的安全评价资料进行审核分析。

6.2　安全检查表法分析评价结果

本报告采用安全检查表法，对油库的经营资质基础资料、安全责任制、管理制度和操作规程、从业人员上岗资格、经营场所设施设备、公用工程及辅助设施和环境条件、电气装置、建筑物等多个方面进行定性评价（详见附件 9—3）。

其安全检查表检查结果为：该油库安全检查表共设检查项目 83 项，经安全评价现场检查和资料审查，合格 83 项，不合格项为 0 项。

6.3　道化学火灾、爆炸危险指数评价法分析评价结果

采用道化学火灾、爆炸危险指数评价危险指数评价法对一个 1 000 m^3 汽油储罐进行定量评价，选取汽油储量（700 t）计算出其在火灾、爆炸事故状态下的影响半径和财产损失。

道化学火灾、爆炸危险指数评价法评价结果为：采取补偿前，××油库 1 000 m^3 汽油储罐火灾、爆炸危险指数为 128，说明若发生火灾、爆炸事故将带来很大的破坏性；在采取诸如配备消防灭火系统、火灾报警自动控制等安全措施后，火灾、爆炸危险指数降低为 62.72，属较轻等级，表明其风险程度属可接受范围。

6.4　池火灾分析评价法结果

采用池火灾评价方法对 A 罐区一个围堰里的 3 个汽油储罐发生泄漏后发生池火灾进行池火灾事故后果模拟。其计算结果为：储油区油罐发生火灾是十分危险的，相邻油罐受到严重威胁，因此，必须采取消防措施及其他安全措施。计算结果表明，轻伤半径为 116.9 m，人员安全距离为 132.1 m，故发生严重火灾后，周边 130 m 范围内的人群必须疏散。

7　安全对策措施

7.1　本次安全评价提出的安全对策措施

××油库储油罐区防火堤内是泥土地面，且种植有草。建议将油库储油罐防火堤内地面

进行防渗处理，以避免因储罐和管道发生泄漏，油品渗入土壤，造成环境污染。

7.2 补充的安全对策措施

1）切实加强油库装卸储运作业的安全管理，加强对库内设施设备和管线日常维护保养。

2）在夏天作业时，采取可行的措施降低油罐温度，确保油罐降温喷淋设施能有效使用。

3）油料电阻率高，装卸时一定要注意控制流速，以防静电积聚。

4）提高油库员工的职业安全防护意识，强化劳动安全保护措施，防止发生人员中毒、高温伤害、噪声、机械伤害或触电伤害等安全事故。

5）汽车罐车进库装油时，应控制流速，防止产生大量的静电，作业完毕，油罐静电位较高，不能马上测量油位，应让油品静置 30 min 后，方可进行油罐油位测量。

6）管生产必须管安全，各级领导和生产管理人员必须重视安全工作，认真贯彻各级安全生产责任制，健全安全生产责任制，逐步推行现代安全管理。

7）对新上岗（转岗）职工必须进行专业培训，并经考试合格后方能上岗，已具备持证上岗资格的员工要定期进行复训。

8）开展经常性的安全教育活动，以提高职工的安全意识和异常情况下的应变能力。

9）发生的所有事故、异常工艺条件及操作失误等应建立事故台账，记录在册并及时报告。

10）应组织油库兼职消防队员定期进行消防训练，并使每名职工都会使用消防器材，掌握初期火灾扑救技能。

11）雷雨季节之前，都要加强防雷防静电系统的安全设施与装置维护保养，并请专业的检测机构对接地电阻进行检测，并提供检测合格报告。

12）应经常性地检查油库设施设备、消防器材、防护用具是否安全有效。

13）雷雨时应停止收发油作业，并切断电源。

14）××油库事故应急预案经评审后，报重庆市安监局应急救援指挥中心备案，并定期进行事故应急预案演练。

8 安全评价结论

依据《中华人民共和国安全生产法》《危险化学品安全管理条例》《石油库设计规范》等相关国家、行业和重庆市现行相关法律法规、技术标准与规范，采用安全检查表法和道化学火灾、爆炸指数评价法和池火灾评价法对××油库及附属设施，进行了定性和定量安全评价。

××油库储运经营的主要危险物质为汽油、柴油。

油库工艺装置和作业过程中，存在的主要危险是火灾、爆炸危险。

××油库储存汽油、柴油罐区已构成重大危险源，应按重大危险源分级监管的要求建档备案和监控管理。

××油库的安全管理可满足储运经营的安全要求。

××油库现有装卸和储存工艺装置、公用工程机辅助设施的基本条件符合安全要求，同时要落实本报告提出的安全对策措施及建设。

安全评价结论：××油库储运经营的基本条件符合安全要求。

9　附　　件

9—1　选用的评价方法简介

9—1.1　评价方法的确定

安全现状评价是对正常运行的油库，通过对设施设备、装置实际运行状况的检测、考察，通过辨识油库运行存在的危险、有害因素，提出有针对性的安全对策措施的安全评价。

由于评价物质的安全技术特性和生产过程不同，事故的类别及引发事故的模式也各不相同，因此采取的评价方法也有所区别。然而，由于各种危险因素和事故发生往往又相互关联，所以评价方法又有共通的一面。通常安全评价方法分为两类，即定性评价和定量评价。

定性评价的方法较多，通常采用的有危险和可操作性研究、事故树分析法（FTA）、作业条件危险性评价法和检查表法（SCL）等。定量评价方法主要有道化学（DOW）火灾、爆炸指数评价法，ICI蒙德危险度评价法等。这些评价方法各有优缺点及不同的适用范围。

根据油库的行业特征和工艺过程中存在的主要危险、有害因素及其造成事故类型的不同，选择以下方法对该项目进行定性和定量评价：

1）依据国家有关法律、法规、标准及规范，采用安全检查表法对油库进行综合性安全评价，找出不安全因素和危险源作为预防事故及监察管理的依据。

2）油库存在火灾和爆炸的潜在危险，采用道化学火灾、爆炸危险指数评价法，分析危险场所的火灾、爆炸危险程度和影响范围，为安全监管提供依据。

3）油库储罐区发生泄漏，在围堰区形成液池，遇火源发生火灾爆炸，形成池火灾。因此，采用池火灾后果模拟评价方法对油库发生池火灾进行后果模拟，可计算发生火灾爆炸造成人员伤亡的范围。

9—1.2　评价方法简介

安全评价方法是对系统的危险因素、有害因素及其危险、危害程度进行分析、评价的方法。由于评价对象的特性和生产工艺过程不同，事故类别及引发事故发生的模式各有不同，因此采取的评价方法也有所区别。按其特性可分为定性安全评价和定量安全评价。

1）安全检查表法（SCA）

安全检查表法（SCL）是辨识危险源的基本方法，其特点是简便易行。它是依据相关法律、法规、规范及标准来设置项目和内容，并以此装置的安全技术措施为对照进行逐项检查，检查出运行中可能存在的各种安全隐患，并提出应采取的安全技术措施。安全检查内容的重点是现有的安全生产条件和安全管理规范的执行情况。安全检查表法是系统安全工程中最基础、最广泛应用的系统危险性评价方法。

2）道化学火灾、爆炸危险指数评价法

道化学火灾、爆炸危险指数评价法是对工艺装置及所含物料的潜在火灾、爆炸和反应性危险，按逐步推算的方法进行客观的评价。它根据物质工艺的危险系数计算火灾爆炸指数，定量地判定系数整体的危险性和整体经济损失。此评价方法为国际普遍认可的安全评价方法，是一种成熟的定量评价方法。其评价程序如图 8—2 所示。

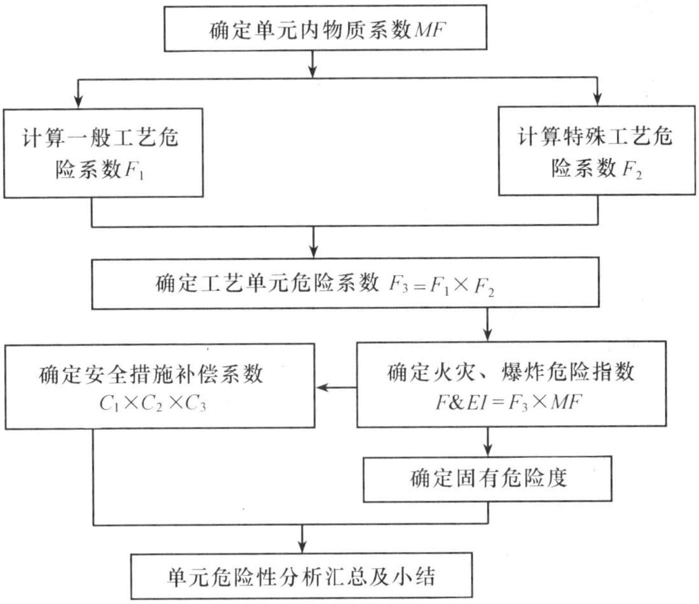

图 8—2　道化学火灾、爆炸危险指数评价法危险度评价程序

3）池火灾事故后果评价模型

池火灾事故后果评价模型是泄漏、火灾、爆炸、中毒评价模型中的一种，对油库发生池火灾进行后果模拟，可计算发生火灾爆炸造成人员伤亡的范围。

9—2　定性、定量分析危险、有害程度过程

9—2.1　危险物质的辨识

依据《危险化学品名录》，该油库存在的危险物质是汽油和柴油，其主要危险、有害物质理化特性及安全技术特性见表 8—16 至表 8—17。

数据来源于《危险化学品安全技术手册》（化学工业出版社）、《危险化学品安全技术说明书（MSDS）》等资料。

表 8—16　　汽油安全技术特性及危险、有害因素识别表

标志	中文名	汽油	英文名	Gasoline；Petrol
	分子式	C_5H_{12}～$C_{12}H_{26}$	危货及 UN 编号	31001；1203

续表

理化特性	沸点	40～200℃	凝固点	<－60℃
	相对密度（水＝1）	0.70～0.79	相对密度（空气＝1）	3.5
	外观性状	无色或淡黄色液体，具有挥发性和易燃性，有特殊气味		
	溶解性	不溶于水，易溶于苯、二硫化碳、醇，极易混溶于脂肪		
	稳定性	稳定		
	闪点	－50℃	爆炸极限	1.3%～6.0%
	自燃点	415～530℃	最大爆炸压力	0.813 MPa
	火灾危险类别	甲$_B$	爆炸危险组别类别	T3/ⅡA
燃爆特性	危险特性	其蒸汽与空气能形成爆炸性混合物，遇明火、高热易引起燃烧爆炸，与氧化剂接触能发生强烈反应。蒸汽比空气重，能在较低处扩散到相当远的地方，遇明火会引起回燃。若遇高热，容器内压增大，有开裂和爆炸的危险		
	灭火剂种类	泡沫、干粉、沙土、CO_2。用水灭火无效		
毒性及健康危害	毒性	麻醉性毒物	接触限值	300 mg/m^3
	健康危害	主要是引起中枢神经系统功能障碍。高浓度时引起呼吸中枢麻痹。轻度中毒的表现有：头痛、头晕、四肢无力、恶心等症状。重度中毒的表现有：高浓度汽油蒸气可能引起中毒性脑病，出现中毒性精神病症状。汽油直接吸入呼吸道可引起吸入性肺炎		
	皮肤接触	脱去污染的衣物，用肥皂及清水彻底冲洗		
	眼睛接触	立即翻开上下眼睑，用流动清水冲洗 10 min 或用 2%碳酸氢钠溶液冲洗并敷硼酸眼膏。就医		
	吸入	迅速脱离现场至空气新鲜处，保暖并休息。呼吸困难时给予输氧。呼吸停止时，立即进行人工呼吸。就医		
	食入	误食者立即漱口，饮牛奶或植物油，洗胃并灌肠。就医		
泄漏处理	疏散泄漏污染区人员至安全区，禁止无关人员进入污染区，切断火源。应急处理人员佩戴自给式呼吸器，穿一般消防防护服。在确保安全的情况下堵漏。喷水雾可减少蒸发。用活性炭或其他惰性材料吸收油料，然后收集于干燥洁净有盖的容器中，运至废物处理场所。若大量泄漏，则利用围堤收集、转移、回收或无害处理后废弃			

表 8—17　　柴油安全技术特性及危险、有害因素识别表

标志	中文名	柴油	英文名	Dieseloil
理化特性	凝固点	－35～10℃	相对密度（水＝1）	0.87～0.9
	外观性状	稍有黏性的浅黄色至棕色液体		
	稳定性	稳定		
	主要用途	用做柴油机的燃料		

续表

燃爆特性	闪点	＞55℃	爆炸极限	1.5%～4.5%
	自燃点	227～250℃	最大爆炸压力	0.813 MPa
	火灾危险类别	乙$_B$	爆炸危险组别/类别	T3/ⅡA
	危险特性	遇明火、高热或与氧化剂接触能引起燃烧爆炸的危险。若遇高热，容器内压增大，有开裂和爆炸的危险		
	灭火剂种类	泡沫、干粉、沙土、CO_2		
毒性及健康危害	毒性	具有刺激作用		
	健康危害	对皮肤、眼、鼻有刺激作用。皮肤接触柴油会引起接触性皮炎、油性痤疮，吸入柴油蒸气可引起吸入性肺炎		
	皮肤接触	脱去污染的衣物，用肥皂及清水彻底冲洗		
	眼睛接触	立即翻开上下眼睑，用流动清水冲洗 15 min。就医		
	吸入	迅速脱离现场至空气新鲜处，保持呼吸通畅，保暖并休息。呼吸困难时给予输氧。呼吸停止时，立即进行人工呼吸。就医		
	食入	误食者立即漱口，饮牛奶或植物油，洗胃并灌肠。就医		
泄漏处理	疏散泄漏污染区人员至安全区，禁止无关人员进入污染区，切断火源。应急处理人员佩戴自给式呼吸器，穿一般消防防护服。在确保安全的情况下堵漏。喷水雾可减少蒸发。用活性炭或其他惰性材料吸收油料，然后收集于干燥洁净有盖的容器中，运至废物处理场所。若大量泄漏，则利用围堤收集、转移、回收或无害处理后废弃			

9—2.2 安全检查表法分析评价

采用安全检查表法分析评价其特点是简便易行，根据国家、行业和一些相关法律法规、技术标准和规范，分为对该油库的安全管理、从业人员上岗资格、经营储存场所条件、公用工程及辅助设施等若干个部分1个评价单元，制定油库安全现状评价检查表，设置检查项目和内容，在进行逐项对照检查中，提出相应的安全对策措施与建议。

安全评价现场检查及资料审查情况详见表8—18。

表8—18 **油库安全评价检查表**

序号	检查项目 \ 填写内容	检查结果	依据	实际情况
	一、安全生产管理检查			
1	危险化学品储运企业是否建立、健全主要负责人、分管负责人、安全生产管理人员、职能部门、岗位安全生产责任制	符合	《安全生产法》第四条，《实施办法》第五条	是
2	危险化学品储运企业是否制定从业人员的安全教育、培训、劳动防护用品（具）、保健品，安全设施、设备，作业场所防火、防毒、防爆和职业卫生，安全检查、隐患整改、事故调查处理、安全生产奖惩等规章制度	符合	《安全生产法》第十七条，《条例》第八、十五条，《实施办法》第五条	是

续表

序号	检查项目 \ 填写内容	检查结果	依 据	实际情况
3	危险化学品储运企业是否根据危险化学品的生产工艺、技术、设备特点产品的危险性编制岗位操作安全规程（安全操作法）和制定符合有关标准规定的作业安全规程	符合	《安全生产法》第十七、三十六条，《实施办法》第五条	是
4	危险化学品储运企业的安全投入是否符合安全生产要求	符合	《安全生产法》第十七、十八条，《实施办法》第六条	是
5	危险化学品储运企业是否设置安全生产管理机构，配备专职安全生产管理人员	符合	《安全生产法》第十九条，《实施办法》第七条	是
6	危险品储运企业主要负责人、分管负责人和安全生产管理人员须经县级以上地方人民政府安全监督管理部门考核合格，取得上岗资格	符合	《安全生产法》第二十条，《实施办法》第八条	有
7	特种作业人员是否经有关业务主管部门考核合格，取得特种作业操作资格证书，在有效期内持证上岗	符合	《安全生产法》第二十三条，《实施办法》第九条	是
8	其他从业人员是否按国家有关规定，经安全教育和培训，并经考核合格，取得上岗资格	符合	《安全生产法》第二十一条，《实施办法》第十条	是
9	危险化学品储运企业应当按照国家有关标准，辨识、确定本企业的重大危险源。对已确定的重大危险源，应当有符合国家有关法律、法规、规章和标准规定的检测、评估和监控措施，定期检测、检查，并建立重大危险源检测、检查档案	符合	《安全生产法》第三十三条，《实施办法》第十五条	有
10	危险化学品储运企业是否按照国家有关规定编制危险化学品事故和其他生产安全事故应急救援预案（有应急救援组织和应急救援人员，配备必要的应急救援器材、设备，社会联动演练及修改）	符合	《安全法》第十七条，《条例》第五十条，《实施办法》第十六条	是
11	危险化学品储运企业是否有相应的职业危害防护设施，并为从业人员配备符合有关国家标准或者行业标准规定的劳动防护用品	符合	《安全生产法》第三十七条，《实施办法》第十三条	是
	二、油库周边环境与外部条件			
1	危险化学品生产、储存是否符合国家和省、自治区、直辖市的规划和布局	符合	《实施办法》第十二条，《条例》第七、十条	是
2	危险化学品生产、储存是否在设区的市规划的专门用于危险化学品生产、储存的区域内	符合	《实施办法》第十二条，《条例》第七、十条	有国有土地使用证

续表

序号	检查项目 \ 填写内容	检查结果	依据	实际情况
3	危险化学品生产装置和储存危险化学品数量构成重大危险源的储存设施，与下列场所、区域的距离是否符合有关法律、法规、规章和标准的规定：(1) 居民区、商业中心、公园等人口密集区域；(2) 学校、医院、影剧院、体育场（馆）等公共设施；(3) 供水水源、水厂及水源保护区；(4) 车站、码头（按国家规定，经批准，专门从事危险化学品装卸作业的除外）、机场以及公路、铁路、水路交通干线、地铁风亭及出入口；(5) 基本农田保护区、畜牧区、渔业水域和种子、种畜、水产苗种生产基地；(6) 河流、湖泊、风景名胜区和自然保护区；(7) 军事禁区、军事管理区；(8) 法律、行政法规规定予以保护的其他区域	符合	《实施办法》第十二条，《条例》第七、十条	
4	危险化学品生产装置和储存设施的周边防护距离是否符合有关法律、法规、规章和标准的规定	符合	《实施办法》第十二条、《条例》第八条	
5	生产、储存危险化学品的车间、仓库是否与员工宿舍在同一座建筑物内，且与员工宿舍是否保持符合规定的安全距离	符合	《安全生产法》第三十四条，《实施办法》第十二条	
6	厂址的选择是否全面考虑建设地区的自然环境和社会环境。考虑工程地质、地形地貌、水文、气象条件、周围环境、交通运输条件、自然灾害、消防支持等方面对企业长周期稳定、安全运行的影响	符合	《生产过程安全卫生要求总则》(GB 12801—91) 5.2.1 条 3	地貌较好，水文条件好，交通方便
7	企业选址是否依据我国现行的卫生、环境保护、城乡规划及土地利用等法规、标准和工业企业项目生产过程的卫生特征、有害因素危害状况，结合建设地的规划现状，水文、地质、气象等因素以及为保障和促进人群健康需要，进行综合分析而定	符合	《工业企业设计卫生标准》(GB Z1—2002) 4.1.1 条	
8	企业选址，除考虑其经济性和技术合理性外，还必须按国家标准和有关规定同时选定生活区、水源以及有害废气、废水、废渣的排放点	符合	《生产过程安全卫生要求总则》(GB 12801—91) 5.2.1a 条 GB 50030—91 第 2.0.2 条	
9	不宜在有洪水、山谷风、泥石流、滑坡、断层、流沙层、溶洞等地段建厂，如在这些危险地区建厂，必须对地基、护岸等采取可靠的防护措施	符合	《生产过程安全卫生要求总则》(GB 12801—91) 5.2.1d 条	

续表

序号	填写内容 检查项目	检查结果	依 据	实际情况
10	企业和居住区之间必须设置足够宽度的卫生防护距离，按《工业企业卫生防护距离标准》及其他相关国家标准执行	符合	《工业企业设计卫生标准》（GB Z1—2002）4.1.7条	
三、油库工艺布置				
1	油库库址的选择应符合GB 50074—2002 4.01～4.06条的要求	符合	GB 50074—2002	
2	油库与周围环境的防火距离，应不得小于GB 50074—2002，4.0.7和4.0.8的规定	符合	GB 50074—2002	
3	油库内建（构）筑之间的防火距离，不应小于GB 50074—2002，5.0.3的规定	符合	GB 50074—2002	
4	油罐之间的防火距离，不应小于GB 50074—2002，5.0.3的规定	符合	GB 50074—2002	
5	地面油罐区应设防火堤，防火堤用非燃烧性材料建造，堤内容量根据油库实际情况计算确定，并应符合GB 50074—2002，6.0.6、6.0.8、6.0.9、6.0.10的规定	符合	GB 50074—2002	
6	消防道路畅通，可到达油库各区，并应符合GB 50074—2002，5.0.9的要求	符合	GB 50074—2002	
7	油泵站宜采用地上式，泵房应设外开门；工艺设备布置合理，满足业务要求；泵房油气排放管的设置应符合规范7.0.5的规定	符合	GB 50074—2002	
8	油库含油与不含油污水应分别排放，污水管道在通过油库围墙处应设水封井，含油污水必须经过处理，达国家现行排放标准后才能排放	符合	GB 50074—2002 13.2.5　13.3.1	
9	处理含油污水的构筑物或设备，宜采用密闭式或加设盖板；油库污水排放处，应设置取样点	符合	GB 50074—2002 13.3.2 13.3.4	
四、油库工艺设施设备				
1. 储油罐				
1	储油罐应采用钢质油罐，储存甲类和乙A类油品的地上立式油罐，应选用浮顶或内浮顶罐	符合	GB 50074—2002 6.0.2	
2	储油罐应按GB 50074—2002第6.0.3、6.0.4条之规定，进行分组布置	符合	GB 50074—2002	
3	储油罐基础应高出罐区地坪0.5m，且无沉降、倾斜、裂缝，沥青无稀释，周围不积水	符合	GB 50074—2002 6.0.5	

续表

序号	检查项目＼填写内容	检查结果	依据	实际情况
四、油库工艺设施设备				
4	油罐体无严重变形和锈蚀，各部位无渗漏、无漏气，罐顶经常走人处应设防滑踏步	符合	GB 50074—2002 6.0.13	
5	油罐进出油管和排污管上的第一个阀门为铸钢阀；主要进出口管线与油罐宜采用挠性或柔性连接	符合	GB 50074—2002 6.0.16	
6	油罐的量油孔应设带锁的量油帽和有色金属导尺槽，量油孔外有接地端子，测量孔密封良好	符合	GB 50074—2002 6.0.12	
7	油罐附件的设置应符合 GB 50074—2002 6.0.12 的规定	符合	GB 50074—2002	
8	储存甲、乙、丙 A 类油品的钢油罐，应采取防静电措施	符合	GB 50074—2002 14.3.1	
9	防火堤符合规范要求，且无鼠洞、无损坏，排水口有排水阻油措施	符合	GB 50074—2002 6.0.6	
10	地上立式油罐应设液位计和高液位报警器	符合	GB 50074—2002 6.0.14	
11	旋梯、扶手、栏杆、平台、防滑踏步等连接牢固、完好	符合	GB 50074—2002 6.0.13	
2. 输油管线及作业区				
1	油库围墙以内的输油管线宜地上敷设，围墙以外应埋地敷设，管道不应穿过站房等建（构）筑物；穿过车行道时，应加套管，两端应密封，与管沟、电缆沟、排水沟交叉时，应采取防渗措施	符合	GB 50074—2002 9.0.2、9.0.4	
2	输油管线的设置应符合 GB 50074 9.0.2、9.0.4、9.0.5 的规定	符合	GB 50074—2002	
3	管道的防护应符合 GB 50074—2002 9.0.8 的规定	符合	GB 50074—2002	
4	管线应采用焊接、阀件与管道或设备的连接应采用法兰连接	符合	GB 18434—2001 6.2.6	
5	输油管道上的阀门应采用钢质阀门	符合	GB 50074—2002 9.0.1	
6	管道系统应符合以下规定：输送原油或成品油，宜采用钢质管道；输送液化石油气，宜采用无缝钢管	符合	JTJ237—99 5.2.2	

续表

序号	检查项目 \ 填写内容	检查结果	依据	实际情况
7	装卸工艺系统设计应满足防火要求，根据输送介质的特点和工艺要求，采用合理的工艺流程，选用安全可靠的设备材料，做到防泄漏、防爆、防雷及防静电	符合	JTJ237—99 5.1.1	
8	管道设计流速应符合下列规定：(1) 原油或成品油在正常作业状态时，管道安全流速不应大于4.5 m/s；(2) 液化石油气的管道安全流速不应大于3 m/s	符合	JTJ237—99 5.2.2.3	
9	油品泵房宜采用地上房间式、棚式或露天式，其设置应符合GB 50074—2002，7.0.2的规定	符合	GB 50074—2002	
10	装卸工艺控制室应配备接收火灾报警、发出火灾声光报警信号的装置	符合	GB 50058—92	手动装置
11	油品装卸码头和作业区宜独立设置	符合	GB 50074—2002 8.3.2	
12	码头的油品装卸设施，应与设计船形的装卸能力相适应	符合	GB 50074—2002 8.3.7	
13	在输油管道位于岸边的适当位置，应设紧急关闭阀	符合	GB 50074—2002 8.3.10	
五、消防设施设备及器材				
1	一、二、三、四级油库应设独立消防给水系统，五级油库的消防给水可与生产、生活给水系统合并设置	符合	GB 50074—2002 12.2.1　12.2.2	
2	消防水池的容量根据油库实际计算确定。消防水池或其他水源能满足罐区灭火要求	符合	GB 50074—2002 12.2.6	
3	消防水池内清洁、无杂物，补水时间不应超过96 h	符合		
4	一、二、三级油库罐区消防给水管道应环状敷设，四、五级和山区油库罐区消防给水管道可枝状敷设	符合	GB 50074—2002 12.2.3	
5	消防给水管道的管径应满足油库灭火的给水强度、给水压力应符合规范要求；消火栓保护半径小于120 m，水压大于0.15 MPa	符合	GB 50074—2002 12.2.11	
6	油罐宜采用泡沫灭火，地上油罐应采用低倍数或中倍数泡沫灭火系统，且单罐容量大于或等于1 000 m^3 时，应采用固定式泡沫灭火系统	符合	GB 50074—2002 12.1.4	

续表

序号	填写内容 检查项目	检查结果	依 据	实际情况
7	单罐容量不小于 5 000 m^3 或罐壁高度不小于 17 m 的油罐，应设固定式消防冷却水系统	符合	GB 50074—2002 12.1.5	
8	消防泵流量、扬程满足灭火需要，消防泵能在 5 min 启动	符合		
9	泡沫液储量按计算确定，应满足灭火需要，泡沫液每年检验 1 次，并合格	符合	GB 50074—2002 12.3.5	
10	发动机泵每周发动 1 次，每半年检验 1 次，备用电源技术状况良好，供电可靠	符合	GB 50074—2002 12.2.1	
11	冷却水和泡沫供应强度和时间应符合 GB 50074—2002 第 12.2.7、12.2.8、12.2.9、13.3.4、13.3.5 条之规定	符合	GB 50074—2002	
12	油罐组按防火堤内面积每 400 m^2 设 1 只 8 kg 手提式干粉灭火器；当计算数量超过 6 具时，按 6 具计	符合	GB 50074—2002 12.4.3	
13	四级以上石油库主要场所灭火毯、灭火沙配置不应少于 GB 50074—2002 表 12.4.3 之规定	符合	GB 50074—2002	
	六、电气装置			
1	油库的供电负荷等级为三级，不能中断输油作业的油库供电负荷等级可为二级，一、二、三级油库的信息系统应设应急供电电源	符合	GB 50074—2002 14.1	
2	配电装置的设置与电缆的选用、敷设应符合 GB 50058—92，14.1.1、14.1.5 的规定	符合	GB 50058—92	
3	爆炸危险区域电气设备的设置应符合 GB 50058—92 的规定	符合	GB 50058—92	
4	配电间应设外开门，其室内地坪应高于泵房室内地坪 0.6 m。变压器、配电柜、电气仪表选型和安装正确	符合	GB 50074—2002 14.1.4	
5	油库的配电电缆应采用铜芯电缆，并直埋敷设，电缆沟敷设时，沟内必须充沙填实，埋深一般不小于 0.7 m。电缆不得与油品、热力管道敷设在同一沟内	符合	GB 50074—2002 14.1.5	

续表

序号	检查项目＼填写内容	检查结果	依 据	实际情况
6	油库内爆炸危险区域的等级范围划分应按 GB 50074—2002 附录 B 确定。爆炸危险区域的电气设备选取型、安装，电力线路敷设等应符合现行国家标准《爆炸和火灾危险环境电力装置设计规范》GB 50058 的规定	符合	GB 50074—2002 GB 50058—92	
七、防雷、防静电设施				
1	钢油罐必须做防雷接地，接地点不应少于两处，沿罐周每 30 m 应设 1 处接地，防雷接地电阻不大于 10 Ω	符合	GB 50074—2002 14.2.1　14.2.2	
2	装卸易燃油品的鹤管和油品装卸栈检（站台）的防雷应符合 GB 50074—2002，14.2.13 的规定	符合	GB 50074—2002	
3	储存易燃、可燃油品的油罐防雷设置应符合 GB 50074—2002 第 14.2.3、14.2.4 条之规定	符合	GB 50074—2002	
4	油罐上安装的信息系统装置，其金属外壳应与油罐做电气连接，其配线电缆应采用屏蔽电缆	符合	GB 50074—2002 14.2.5	
5	轻油泵房应设避雷带（网），其引下线不应少于 2 根	符合	GB 50074—2002 14.2.11	
6	平行敷设于地面或管沟的金属管道，其净距小于 100 mm 时，应用金属线跨接，跨接点间距不大于 30 m	符合	GB 50074—2002 14.2.14	
7	储存甲、乙、丙 A 类油品的钢油罐，应采用防静电措施，防静电接地电阻不应大于 100 Ω	符合	GB 50074—2002 14.3.1	
8	油库的输油管、鹤管等应做等电位连接并接地，两组跨接点的间距不大于 20 m，接地电阻不大于 10 Ω	符合	GB 50074—2002 14.3.5	
9	地上或管沟管路的始、末端、分支处、直管段每 300 m，应设置防静电装置	符合	GB 50074—2002 14.3.9	
10	在装卸油场所用于防静电接地装置，宜设置能检测跨接线及监视接地装置状态的静电接地仪	符合	GB 50074—2002 14.3.11	

经过安全评价的现场检查，该油库检查项 83 项，符合要求 83 项。根据油库安全评价现场检查表的检查结果，人们认为该油库经营储存的基本条件符合安全要求。

9—2.3　道化学火灾、爆炸指数法分析评价

美国道化学公司自 1964 年开发“火灾、爆炸危险指数评价法”（第一版）以来，历经 29 年，不断修改完善；在 1993 年推出了第七版，以以往的事故统计资料及物质的潜在能量和现行安全措施为依据，定量地对工艺装置及所含物料的实际潜在火灾、爆炸和反应危险进行分析评价。本报告选用其来分析评价汽油储罐发生火灾、爆炸事故的风险程度。

1）火灾、爆炸危险指数

选择××油库一个 1 000 m^3 汽油储罐发生火灾、爆炸的危险指数计算结果见表 8—19。

表 8—19　　火灾、爆炸指数计算结果表

<table>
<tr><td colspan="4">工艺过程中的物料：汽油</td></tr>
<tr><td colspan="2">操作状态：装卸油作业</td><td colspan="2">确定 MF 的物质：汽油</td></tr>
<tr><td colspan="4">物质系数（MF）：16</td></tr>
<tr><td colspan="2">1. 一般工艺危险（F_1）</td><td>危险系数范围</td><td>采用危险系数</td></tr>
<tr><td colspan="2">基本系数</td><td>1.00</td><td>1.00</td></tr>
<tr><td colspan="2">A. 放热化学反应</td><td>0.3～1.25</td><td>1.0</td></tr>
<tr><td colspan="2">B. 吸热反应</td><td>0.20～0.40</td><td>0.00</td></tr>
<tr><td colspan="2">C. 物料处理和输送</td><td>0.25～1.05</td><td>0.5</td></tr>
<tr><td colspan="2">D. 封闭式或室内工艺单元</td><td>0.25～0.90</td><td>0.45</td></tr>
<tr><td colspan="2">E. 通道</td><td>0.25～0.35</td><td>0.00</td></tr>
<tr><td colspan="2">F. 排放和泄漏控制</td><td>0.25～0.50</td><td>0.50</td></tr>
<tr><td colspan="2">一般工艺危险系数（F_1）</td><td></td><td>3.45</td></tr>
<tr><td colspan="2">2. 特殊工艺危险</td><td></td><td></td></tr>
<tr><td colspan="2">基本系数</td><td>1.00</td><td>1.00</td></tr>
<tr><td colspan="2">A. 毒性物质</td><td>0.20～0.80</td><td>0.20</td></tr>
<tr><td colspan="2">B. 负压（<66.66 kPa）</td><td>0.50</td><td>0.00</td></tr>
<tr><td colspan="2">C. 接近易燃范围的操作</td><td>0.50</td><td>0.50</td></tr>
<tr><td colspan="2">D. 粉尘爆炸</td><td>0.25～2.00</td><td>0.00</td></tr>
<tr><td colspan="2">E. 压力</td><td></td><td>0.00</td></tr>
<tr><td colspan="2">F. 低温</td><td>0.20～0.30</td><td>0.00</td></tr>
<tr><td rowspan="3">G. 易燃及不稳定物质质量/kg 物质燃烧热 HC/($J \cdot kg^{-1}$)</td><td>1）工艺中的液体及气体</td><td></td><td></td></tr>
<tr><td>2）储存中的液体及气体</td><td></td><td>1.2</td></tr>
<tr><td>3）储存中的可燃固体及工艺中的粉尘</td><td></td><td></td></tr>
<tr><td colspan="2">H. 腐蚀和磨蚀</td><td>0.10～0.75</td><td>0.10</td></tr>
<tr><td colspan="2">I. 泄漏——接头和填料</td><td>0.10～0.15</td><td>0.10</td></tr>
<tr><td colspan="2">J. 使用明火设备</td><td></td><td>0.00</td></tr>
<tr><td colspan="2">K. 热油热交换系统</td><td>0.15～1.15</td><td>0.00</td></tr>
<tr><td colspan="2">L. 转动设备</td><td>0.5</td><td>0.5</td></tr>
<tr><td colspan="3">特殊工艺危险系数（F_2）</td><td>3.60</td></tr>
<tr><td colspan="3">工艺单元危险系数（$F_3=F_1\times F_2$）</td><td>8</td></tr>
<tr><td colspan="3">火灾、爆炸危险指数（$F\&EI=F_3\times MF$）</td><td>128</td></tr>
</table>

注：无危险时系数用 0.0。

表中参数取值说明如下：

汽油的物质系数 $MF=16$

一般工艺危险系数 F_1

A：汽油燃烧属一旦反应失控有严重火灾、爆炸危险的放热化学反应，故取值为 1.0；

B：非吸热反应，取值为 0；

C：I 类易燃物料在连接的管线上装卸，取系数为 0.5；

D：封闭区域处理易燃液体量大于 4 540 kg，取值为 0.45；

E：通道设置符合要求，取值为 0；

F：设置有防火堤防止油品发生泄漏后扩散，取 0.5。

2）特殊工艺危险系数 F_2

A：毒性物质系数为 $0.2\times1=0.2$；

B：常压储存，取为 0；

C：储存可燃液体，其温度在闪点以上，取 0.5；

D：没有粉尘爆炸危险，取为 0；

E：常压操作，取为 0；

F：常温操作，取为 0；

G：储存中的液体，查 $F\&EI$ 法中储存中的液体和气体危险系数表，系数取为 1.2；

H：汽油对管道腐蚀速率小于 0.127 mm/a，系数为 0.1；

I：法兰密封处可能产生轻微泄漏，系数取 0.1；

J：无明火设备使用，系数取 0；

K：运营状态下的泵及输油管属热油交换系统，系数取 0.3；

L：油泵属转动设备，系数取 0.5。

工艺单元危险系数 F_3

由于 $F_3=F_1\times F_2=3.45\times3.6=12.48>8$，故取 $F_3=8$。

火灾、爆炸危险指数（$F\&EI$）

$$F\&EI=F_3\times MF=8\times16=128$$

由表 8—20 中危险等级可知，××油库 1 000 m^3 汽油储罐存在很大的火灾、爆炸风险。

表 8—20　　**$F\&EI$ 危险等级**

$F\&EI$	危险等级
1～60	最轻
61～96	较轻
97～127	中等
128～158	很大
≥159	非常大

3）安全措施补偿系数

工艺控制补偿系数（C_1）

工艺控制补偿系数计算结果为 0.81，参数取值情况详见表 8—21。

表 8—21　　工艺安全补偿系数（C_1）

项目	补偿系数	采用补偿系数
a 应急电源	0.98	0.98
b 冷却装置	0.97～0.99	0.97
c 抑爆装置	0.84～0.98	1.00
d 紧急切断装置	0.96～0.99	1.00
e 计算机控制	0.93～0.99	0.97
f 惰性气体保护	0.94～0.96	1.00
g 操作规程/程序	0.91～0.99	0.95
h 化学活泼型物质检查	0.91～0.98	1.00
i 其他工艺危险分析	0.91～0.98	0.93
工艺安全补偿系数（C1）		0.81

注：1. 无安全补偿系数时，填入 1.00；2. C_1 为各项安全补偿系数的乘积。

参数取值说明：

a：油库设双电源，仪表采用 UPS 不间断电源供电，故 *a* 取值为 0.98；

b：油库设置固定式冷却水系统，故取值为 0.97；

e：采用计算机控制系统进行监控及计量控制，故取值为 0.97；

g：油库应制定较为完善的操作规程，故取值为 0.95；

i：油库应定期进行安全评价，开展安全评价管理，故取值为 0.93。

物质隔离补偿系数（C_2）

汽油储罐物质隔离补偿系数计算结果为 0.91，参数取值情况详见表 8—22。

表 8—22　　物质隔离安全补偿系数（C_2）

项目	补偿系数	采用补偿系数
a：远距离控制阀	0.96～0.98	0.98
b：备用泄料装置	0.96～0.98	1.00
c：排放系统	0.91～0.97	0.95
d：联锁装置	0.98	0.98
物质隔离安全补偿系数（C_2）		0.91

注：1. 无安全补偿系数时，填入 1.00；2. C_2 为各项安全补偿系数的乘积。

参数取值说明：

a：储罐进出口管线阀门具有接受远程控制的功能，取值为 0.98；

c：油库防火堤可作为应急集油池（兼做事故缓冲池），取值为 0.95；

d：按照补充措施，油库雨水沟终点出库前设置有双路分流控制阀井，取值为 0.98。

防火设施补偿系数（C_3）

防火设施补偿系数计算结果为 0.67，参数取值情况详见表 8—23。

表 8—23　　防火设施安全补偿系数（C_3）

项目	补偿系数	采用补偿系数
a 泄漏检测装置	0.94～0.98	0.98
b 钢结构	0.95～0.98	0.95
c 消防水供应系统	0.94～0.97	0.97
d 特殊系统	0.91	0.91
e 喷洒系统	0.74～0.97	0.97
f 水幕	0.97～0.98	1.00
g 泡沫灭火装置	0.92～0.97	0.92
h 手提式灭火器和喷水枪	0.93～0.98	0.97
i 电缆防护	0.94～0.98	0.94
防火设施安全补偿系数（C_3）		0.80

注：1. 无安全补偿系数时，填入 1.00；2. C_3 为各项安全补偿系数的乘积。

参数取值说明：

a：安装有可燃气体检测仪，故取值为 0.98；

b：汽油储罐为全钢结构，并涂有防火漆，故取值为 0.95；

c：有消防水供应系统，故取值为 0.94；

d：储罐配备有火焰探测器，故取值为 0.91；

e：配备有消防水系统，故取值为 0.97；

g：配备有固定式低倍数泡沫灭火系统，可由 PLC 系统自动开启，故取值为 0.92；

h：油库配备手提式灭火装置和水枪，故取值为 0.97；

i：电缆采用直埋方式敷设，故取值为 0.94。

安全措施补偿总系数

汽油储罐安全措施补偿总系数 $C_F = C_1 \times C_2 \times C_3 = 0.49$。

4）火灾、爆炸危险指数法评价结果小结

火灾、爆炸危险指数汇总

××油库 3 000 m^3 汽油储罐火灾、爆炸危险指数计算情况汇总见表 8—24。

表 8—24　　火灾、爆炸危险指数评价汇总表

项目	物质系数 MF	单元工艺危险系数 F_3	安全措施补偿系数 CF	补偿前火灾爆炸指数 $F\&EI$	补偿后火灾爆炸指数 $F\&EI$
汽油储罐	16	8	0.49	128	62.72

评价结果分析：由表中可以看出，采取补偿前，××油库 1 000 m^3 汽油储罐火灾、爆炸危险指数为 128，说明若发生火灾、爆炸事故将带来很大的破坏性；在采取诸如配备消防灭火系统、火灾报警自动控制等安全措施后，火灾、爆炸危险指数降低为 62.72，属较轻等级，表明其风险程度属可接收范围。

9—2.4　池火灾事故后果模拟

××油库共有 1 000 m^3 柴油罐 2 个，500 m^3 柴油罐 1 个，1 000 m^3 汽油罐 2 个，500 m^3 汽油罐 1 个，本报告选取 A 罐区一个围堰里的 1 个汽油罐全部泄漏发生池火灾进行

池火灾事故后果模拟。模拟计算采用南京某公司通过国家安监总局科学技术成果鉴定的安全评价与风险分析系统软件（V2.0）。

计算结果如下：

室外池火灾模拟评价结果报表

输入模型参数：

[1] 模拟计算模型：典型评价模型

[2] 池面积类型：面积恒定

[3] 池面积大小：2 197 m^2；

[4] 物质燃烧热：46 892 kJ/kg；

[5] 目标离火焰表面距离：120 m；

[6] 人员密度：0.001 个/m^2；

[7] 财产密度：2 万元/m^2；

[8] 环境温度：298 K；

[9] 燃料质量：1 260 000 kg；

[10] 燃料密度：750 kg/m^3；

[11] 燃烧效率：1；

[12] 燃料常压沸点：363 K；

[13] 燃料燃烧速度：0.022 47 kg/s. m^2；

[14] 人员暴露火焰时间：120 s。

模拟评价结果：

[1] 死亡半径：54.7 m；

[2] 死亡人数：8 人；

[3] 重伤半径：69.1 m；

[4] 重伤人数：6 人；

[5] 轻伤半径：116.9 m；

[6] 轻伤人数：28 人；

[7] 财产损失半径：28.1 m；

[8] 人员安全距离：132.1 m；

[9] 直接财产损失：4977.1 万元；

[10] 间接财产损失：229 万元；

[11] 总财产损失：5 206.1 万元；

[12] 火焰平均高度：27.9 m；

[13] 目标处热辐射通量：1.4 kW/m^2；

[14] 火焰表面热辐射通量：50.8 kW/m^2；

[15] 总热辐射通量：177 417.2 kW/m^2；

[16] 财产损失热辐射通量：25.4 kW/m^2；

[17] 死亡热辐射通量：6.5 kW/m^2；

[18] 重伤热辐射通量：4.3 kW/m^2；

[19] 轻伤热辐射通量：1.9 kW/m^2；

[20] 重大危险源等级：三级重大危险源；

[21] 伤亡事故等级：特大伤亡事故。

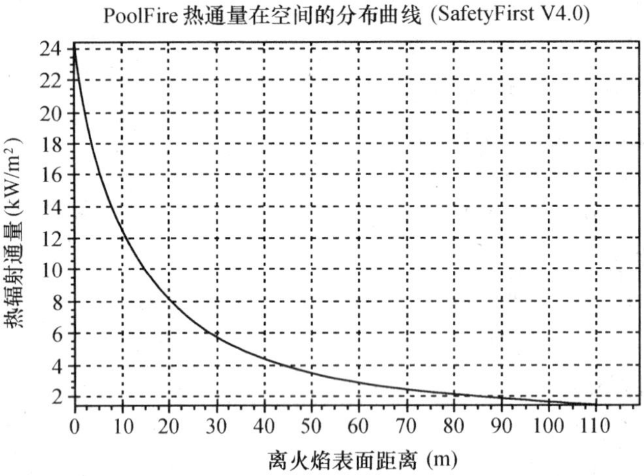

根据上述分析结果，可得出如下结论：储油区油罐发生火灾是十分危险的，相邻油罐受到严重威胁，因此，必须采取消防措施及其他安全措施。计算结果表明，轻伤半径为116.9 m，人员安全距离为132.1 m，故发生严重火灾后，周边130 m范围内的人群必须疏散。

9—3 事故案例分析

1989年8月12日9时55分，石油天然气总公司管道局胜利输油公司黄岛油库老罐区，2.3×10^4 m^3 原油储量的5号混凝土油罐爆炸起火，大火前后共燃烧104 h，烧掉原油 4×10^4 m^3，占地250亩的老罐区和生产区的设施全部烧毁，这起事故造成直接经济损失3 540万元。在灭火抢险中，10辆消防车被烧毁，19人牺牲，100多人受伤。

1）事故经过

1989年8月12日9时55分，2.3×10^4 m^3 原油储量的5号混凝土油罐突然爆炸起火。到下午2时35分，青岛地区西北风，风力增至4级以上，几百米高的火焰向东南方向倾斜。燃烧了4个多小时，5号罐里的原油随着轻油馏分的蒸发燃烧，形成速度大约每小时1.5 m、温度为150～300℃的热波向油层下部传递。当热波传至油罐底部的水层时，罐底部的积水、原油中的乳化水以及灭火时泡沫中的水汽化，使原油猛烈沸溢，喷向空中，洒落四周地面。下午3时左右，喷溅的油火点燃了位于东南方向相距5号油罐37 m处的另一座相同结构的4号油罐顶部的泄漏油气层，引起爆炸。炸飞的4号罐顶混凝土碎块将相邻30 m处的1号、2号和3号金属油罐顶部震裂，造成油气外漏。约1 min后，5号罐喷溅的油火又先后点燃了3号、2号和1号油罐的外漏油气，引起爆燃，整个老罐区陷入一片火海。大火分成三股，一部分油火翻过5号罐北侧1 m高的矮墙，进入储油规模为 30×10^4 m^3 全套引进日本工艺装备的新罐区的1号、2号、6号浮顶式金属罐的四周。烈焰和浓烟烧黑3罐壁，其中2号罐壁隔热钢板很快被烧红。另一部分油火沿着地下管沟流淌，汇同输油管网外溢原油形成地下火网。还有一部分油火向北，从生产区的消防泵房一直烧到车库、化验室和锅炉房，向东从变电站一直引烧到装船泵房、计量站、加热炉。火海席卷着整个生产区，东路、北路的两路油火汇合成一路，烧过油库1号大门，沿着新港公路向位于低处的黄岛油港烧去。大火殃及青岛化工进出口黄岛分公司、航务二公司四处、黄岛商检局、管道局仓库和建港指挥部仓库等单位。18时左右，部分外溢原油沿着地面管沟、低洼路面流入胶州湾。大约600 t油品在胶州湾海面形成几条十几海里长、几百米宽的污染带，造成胶州湾有史以来最严重的海洋污染。

2）事故原因分析

黄岛油库特大火灾事故的直接原因是：非金属油罐本身存在的缺陷，遭受对地雷击产生感应火花而引爆油气。除上述直接原因之外，还存在以下事故原因：

①黄岛油库区储油规模过大，生产布局不合理。

②混凝土油罐先天不足，固有缺陷不易整改。

③混凝土油罐只重储油功能，大多数因陋就简，忽视消防安全和防雷避雷设计，安全系数低，极易遭雷击。

④消防设计错误，设施落后，力量不足，管理工作跟不上。

⑤油库安全生产管理存在不少漏洞。对职工要求不严格，工人劳动纪律松散，违纪现象时有发生；事故发生时，自救能力差，配合协助公安消防灭火不得力。

3）对本油库建设的启示

从黄岛油库事故发生经过及对事故的原因分析，可得到以下启示：

①加强油库防雷防静电设计，做好油库防雷防静电接地；

②加强油库消防设计，油库消防设计必须经有关主管部门验收合格；

③坚持危险化学品建设项目安全许可实施，安全设施必须与主体工程同时设计、同时施工、同时投入使用；

④加强油库运营期的安全生产管理工作，加强对员工的安全教育和培训，对员工进行事故抢险应急处置训练，提高油库全体员工的事故应急处置、自救和灭火能力；

⑤建立油库自动检测报警网络，提高油库预警能力。

9—4　安全评价依据

9—4.1　国家、行业和重庆市相关法律法规与规章

1）《中华人民共和国安全生产法》（国家主席令第70号）

2）《中华人民共和国环境保护法》（国家主席令第22号）

3）《中华人民共和国消防法》（国家主席令第6号）

4）《中华人民共和国职业病防治法》（国家主席令第60号）

5）《危险化学品安全管理条例》（国务院令第344号）

6）《危险化学品经营许可证管理办法》（原国家经贸委令第36号）

7）《关于〈危险化学品经营许可证管理办法〉的实施意见》（原国家安监局安监管管二字［2002］103号）

8）《爆炸危险场所安全规定》（原劳动部　劳部发［1995］56号）

9)《仓库防火安全管理规则》(公安部令第 6 号)

10)《易燃易爆化学物品消防安全监督管理办法》(公安部令第 18 号)

11)《劳动防护用品监督管理规定》(国家安监总局令第 1 号)

12)《机关、团体、企业、事业单位消防安全管理规定》(公安部令第 61 号)

13)《成品油市场管理办法》(商务部令 2006 年第 23 号)

14)《加油站计量监督管理办法》(国家质监总局令第 35 号)

15)《危险化学品建设项目安全许可实施办法》(国家安监总局令第 8 号)

16)《危险化学品建设项目安全评价细则(试行)》(国家安监总局 安监总危化[2007] 255 号)

17)《重庆市成品油市场管理实施办法》(渝文审[2007]17 号)

18)《关于印发〈重庆市危险化学品经营许可证管理办法〉的通知》(重庆市安监局 渝安监[2009]243 号)

9—4.2 国家、行业相关技术标准与规范

1)《石油库设计规范》(GB 50074—2002)

2)《建筑设计防火规范》(GB 50016—2006)

3)《危险化学品经营企业开业条件和技术要求》(GB 18265—2000)

4)《危险化学品重大危险源辨识》(GB 18218—2009)

5)《常用化学危险品贮存通则》(GB 15603—1995)

6)《爆炸和火灾危险环境电力装置设计规范》(GB 50058—1992)

7)《建筑物防雷设计规范》(GB 50057—1994 2000 年版)

8)《建筑灭火器配置设计规范》(GB 50140—2005)

9)《建筑灭火器配置验收及检查规范》(GB 50444—2008)

10)《爆炸和火灾危险环境电力装置设计规范》(GB 50058—1992)

11)《工作场所有害因素职业接触限值》(GB Z2—2002)

12)《企业职工伤亡事故分类》(GB 6441—1986)

13)《易燃易爆性商品储藏养护技术条件》(GB 17914—1999)

14)《职业性接触毒物危害程度分级》(GB 5044—1985)

15)《危险货物品名表》(GB 12268—2005)

16)《石油与石油设施雷电安全规范》(GB 15599—1995)

17)《液体石油产品静电安全规程》(GB 13348—1992)

18)《安全评价通则》(AQ 8001—2007)

19)《生产经营单位安全生产事故应急预案编制导则》(AQ/T 9002—2006)

20)《成品油仓储企业管理技术规范》(SB/T 10445—2007)

21)《危险化学品名录》(2002 年版)

9—4.3 相关文件资料

1)安全评价委托书

2)油库提供的安全评价相关资料

3)安全评价资料审查和现场勘察记录

9—5 附件资料目录/复印件

1）《营业执照》
2）《危险化学品经营许可证》复印件
3）《成品油批发经营批准证书》复印件
4）《土地使用证》复印件
5）《建筑工程消防验收意见书》复印件
6）《重庆市防雷设施安全性能检测证》《重庆市防雷防静电装置安全性能检测报告》
7）油库从业人员上岗资格证
8）《油库总平面布置图》
9）《油库工艺流程总图》
10）《油库消防管网示意图》
11）安全评价委托书

参考文献

1. 杨永杰，康彦芳. 化工工艺安全技术. 北京：化学工业出版社，2010
2. 樊运晓，罗云. 系统安全工程. 北京：化学工业出版社，2009
3. 乃禄，刘灿. 安全评价技术. 西安：西安电子科技大学出版社，2007
4.《危险化学品建设项目安全评价细则》（试行）
5.《化工企业总图运输设计规范》（GB 50489—2009）
6.《危险化学品重大危险源辨识标准》（GB 18218—2009）